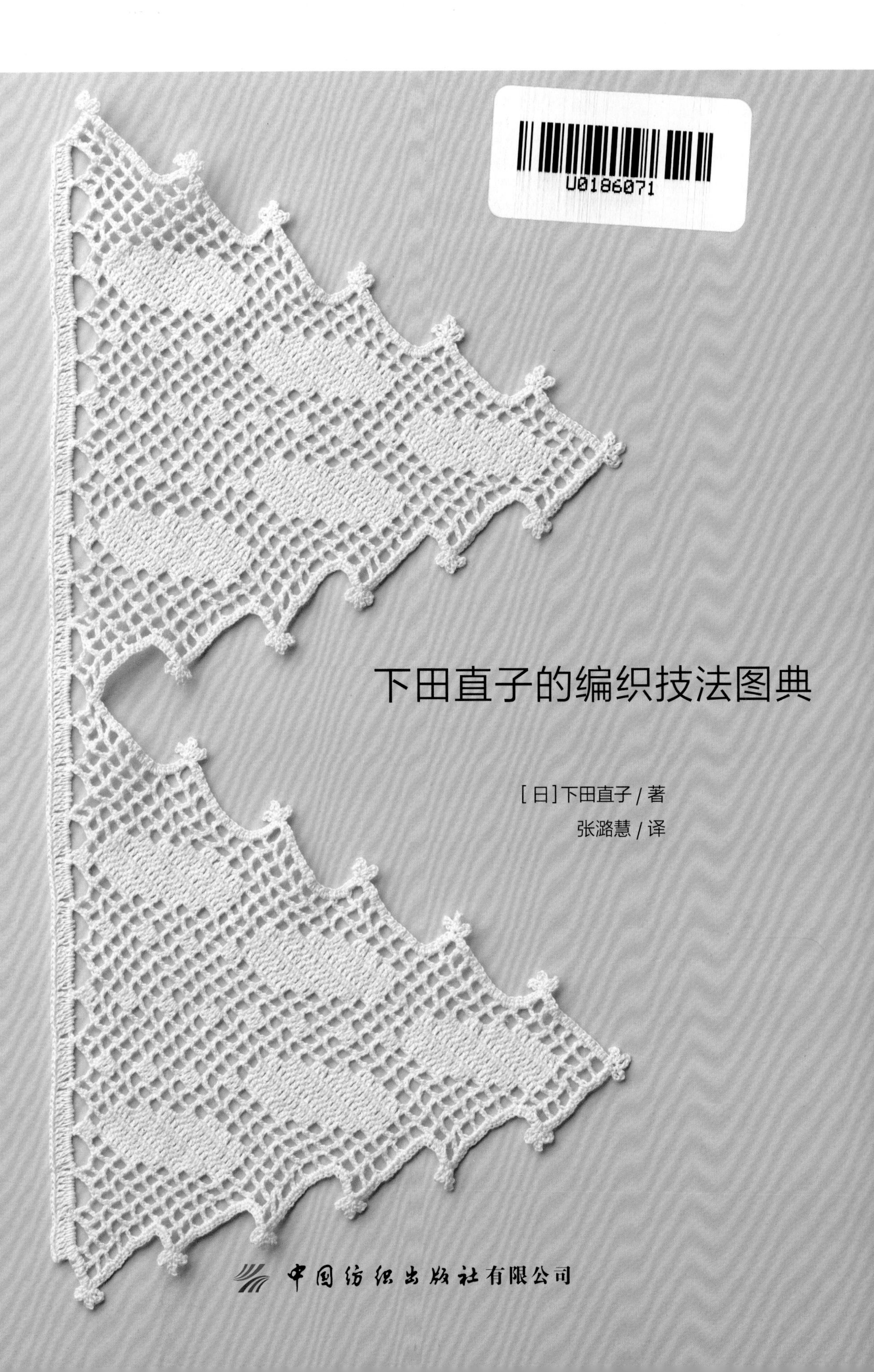

下田直子的编织技法图典

[日]下田直子 / 著

张潞慧 / 译

中国纺织出版社有限公司

目录 contents

钩针编织 crocheting technique

棒针编织 knitting technique

钩织技巧 A [细线钩织] 用直径约 1mm 的“横卷线”编织出的波浪叶形花样组合在一起的技巧。

钩织技巧 A [细线钩织] 像一排排白贝壳装饰的包包，从袋口向下钩织。page 84

先从底部中心开始钩织长针再编织花纹，并且每一行都要变换方向。将中心的长针行正面朝外制作而成的扇形随身包。page 85

钩织技巧 A［细线钩织］纯色镂空花样的应用，图 1 为网格，图 2 为树叶花样。page 86

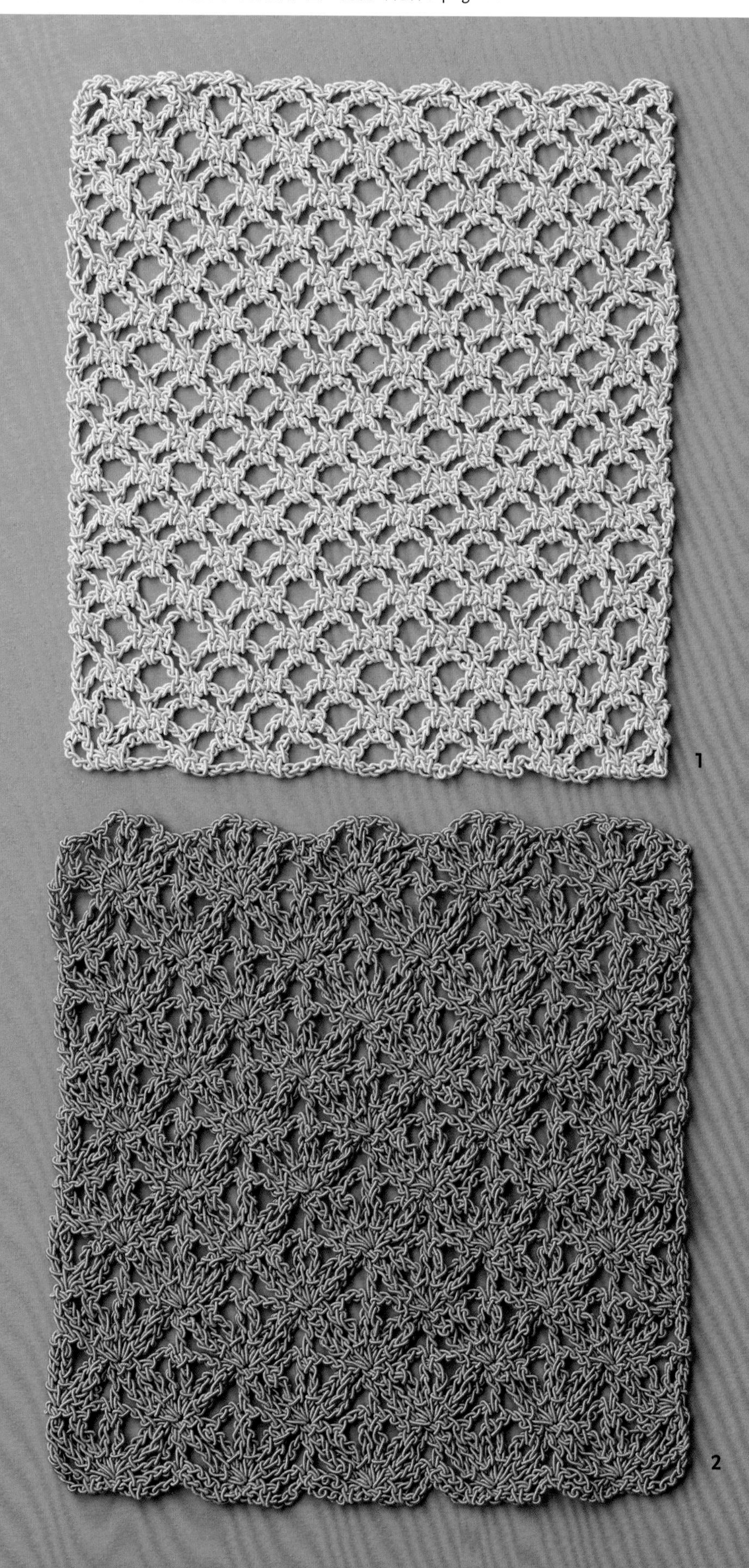

1

2

3
4

10 **钩织技巧 B [塑料材质线]** 100% 聚乙烯纤维材质的线钩织而成的防水背包。page 88

红底上钩织白色花瓣的零钱包。紧紧的一圈圈钩织而成，反面用红色线钩简洁的长针。page 87

钩织技巧 B［塑料材质线］图 1 中第 1 行钩成三角形的山峰状，第 2 行钩织正方形花样。图 2 为七宝针花样。

图 3 中的双色千鸟格花纹用来钩织大号背包很结实。图 4 用三种颜色拉针钩织。page 90

3

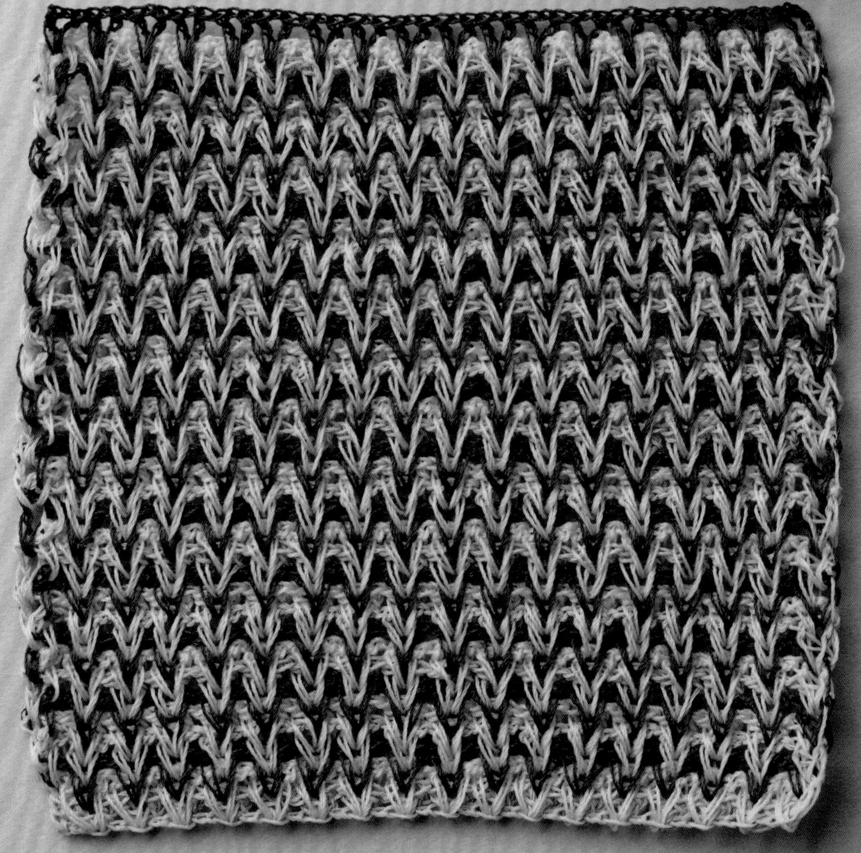

4

1

2

图 3 是将 2 根 25 号刺绣线钩织的六角形花片，排列成北极星形状的拼布风格。也可制作成和服腰带。page 91、96

3

钩织技巧 D［巧用特色线］图 1 是用海椰纤维编织的圆形织片与长马海毛的组合。图 2 是反面。page 97

 钩织技巧 D［巧用特色线］以麻线短针钩织的包包为底，再用渐变线钩织流苏。

将细线部分引拔钩织，粗线部分制作成环，全部覆盖后形成卵石花样的包包。page 102

不留空隙钩满的话就像羊毛制品一样。下图是随意钩织而成的迷彩包包。page 104

式编的几种配色花片中选出最好看的三种，共织 12 片花片制作成背包口袋。再安上金属背包链，是用花片拼接而成的包。page 99

 钩织技巧 E［拼接装饰］图 1 是用细马海毛钩织的圆形花片。图 2 中的色彩组合非常有趣，将大小不同的花片拼接在一起。

图 3 是钩织每片六边形花片后，用缝针卷针缝合拼接的方法完成。page 106

3

钩织技巧 F［穿珠钩织］在结实的麻线上穿入大圆珠。虽然看上去像相连的小圆花片组合而成，但实际上是在中心用了塑料圆环。

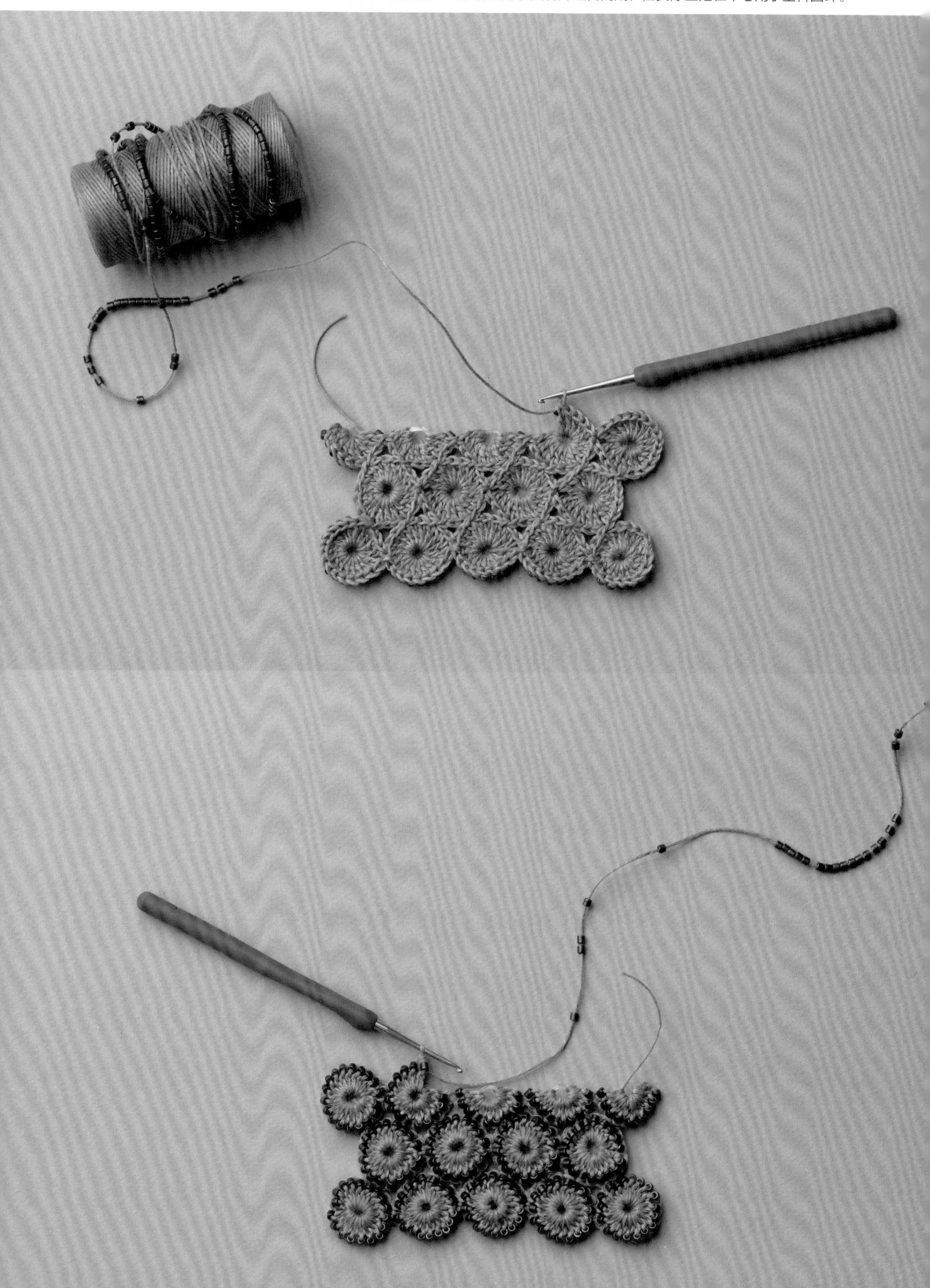

先从圆环下半部分开始钩织，连接起来后再钩织上半部分。完成坚固的串珠包包。page 108

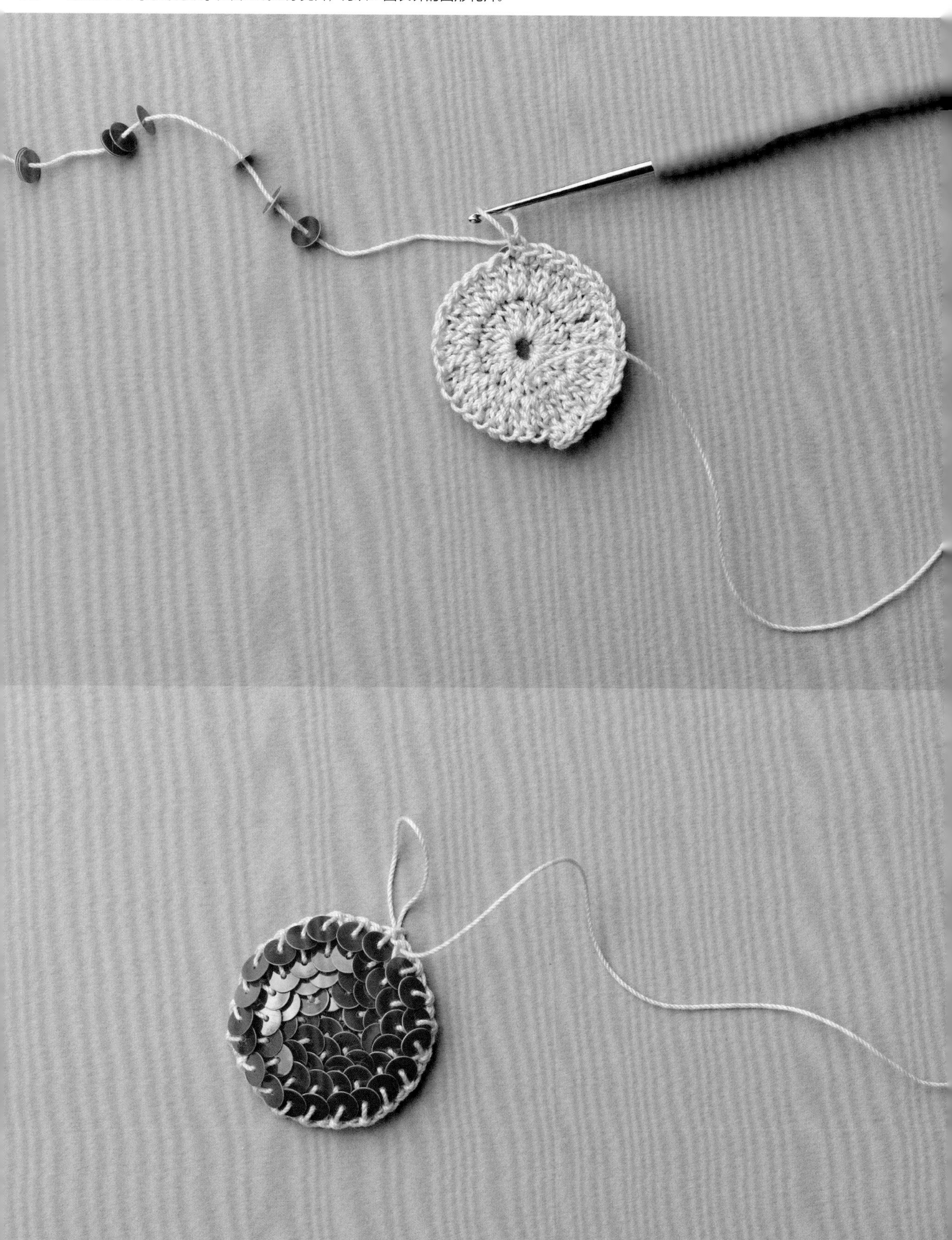

钩织完后的反面（背面）呈现排列着的亮片，要一边注意整齐地排列一边钩织。亮片马卡龙背包。page 110

 钩织技巧 F［穿珠钩织］图 1 是在黑色蕾丝线上穿入黑色螺旋管珠和竹节珠，像画画般地贴花装饰。page 112

1

2

钩织技巧 G［令人怀念的星针钩织］将 Diaman（钻石）细金属刺绣线与毛线捋顺一并钩织，尽量将刺绣线转到外侧，看起来比较明显。

 钩织技巧 G [令人怀念的星针钩织] 图 1 是用麻线稍微宽松地钩织。图 2 是用羊毛和薄细绒线一行行交错钩织的蓬松感织物。

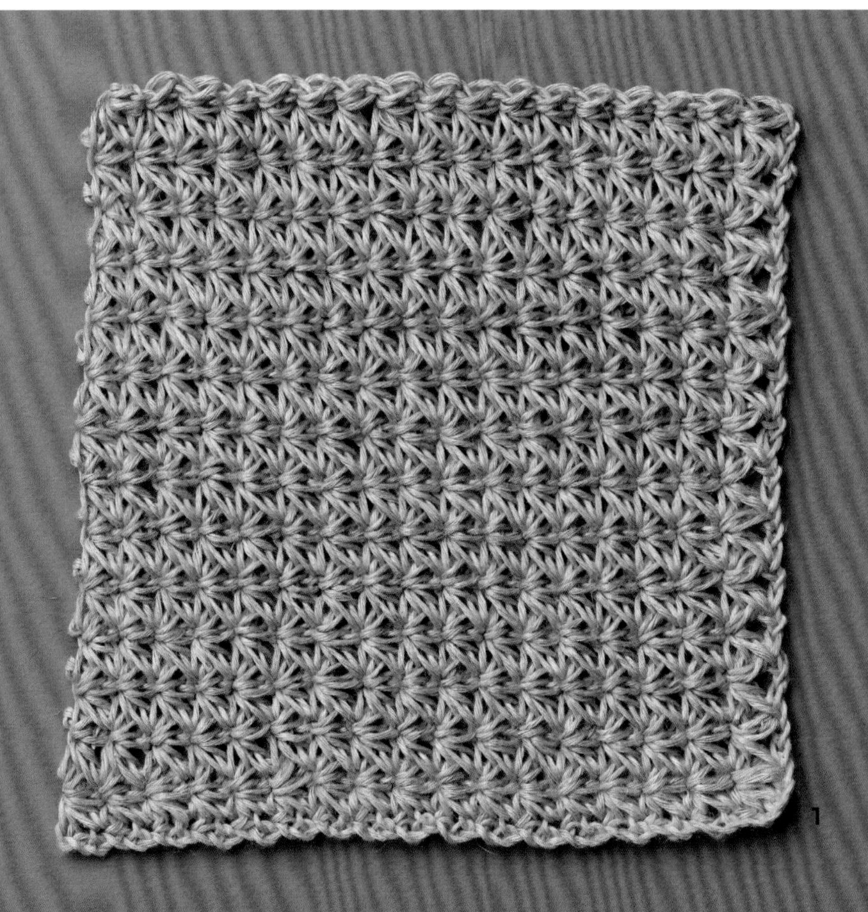

1

2

图 3 用蓝色和灰色段染羊毛线紧密地钩织，图 4 用黑色细线密实地钩织。page 116

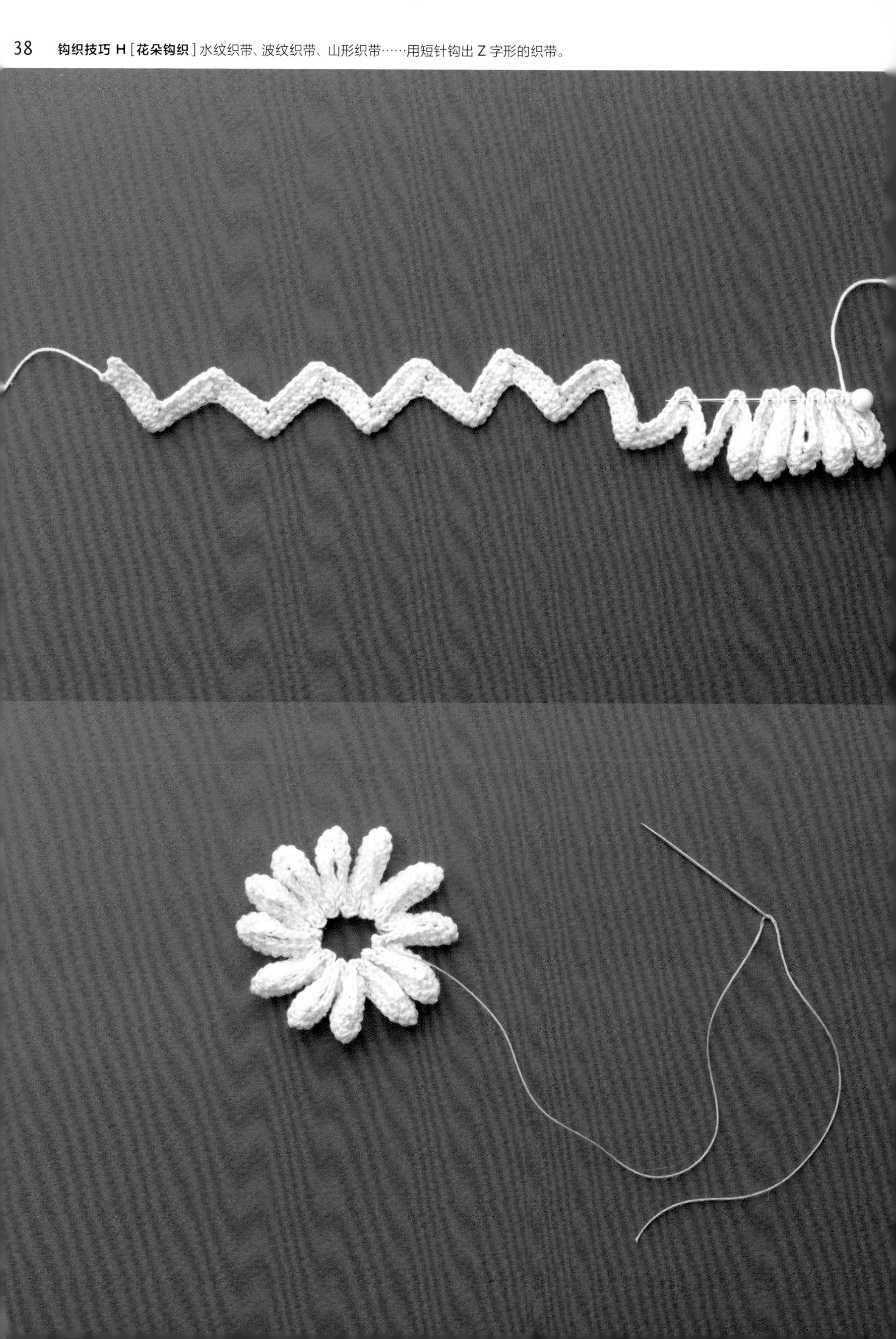

挑起顶端按图整形，用线缝合抽紧。搭配组纽般地织带，制作成雅致的胸花。page 115

钩织技巧 H [花朵钩织] 图 1 中将金属线钩织的花瓣中间的短针钩在上一圈短针上，每隔 2 行变大一圈。图 2 和图 3 的花瓣是绕着锁针钩一圈长针制作成第 2 圈的花瓣。

4
5

用米色线和具有光泽的蓝色线，在竖条纹间织入星号图案的包包。page 120

 图 1 中用深蓝浅蓝线交错成复杂花纹。图 2 为交叉花纹，反面是细横条纹。

1

2

3

4

 钩织技巧 J [**缘饰**] 用于缘饰的织物。图 1 运用大量短针钩织成圆形花样组合。图 2 为纤细的蕾丝花纹。

图 3 的两边是锯齿花样。图 4 使用水纹织带。图 5 使用多种颜色搭配。无论哪一款都可以按需要钩织所需长度。page 123

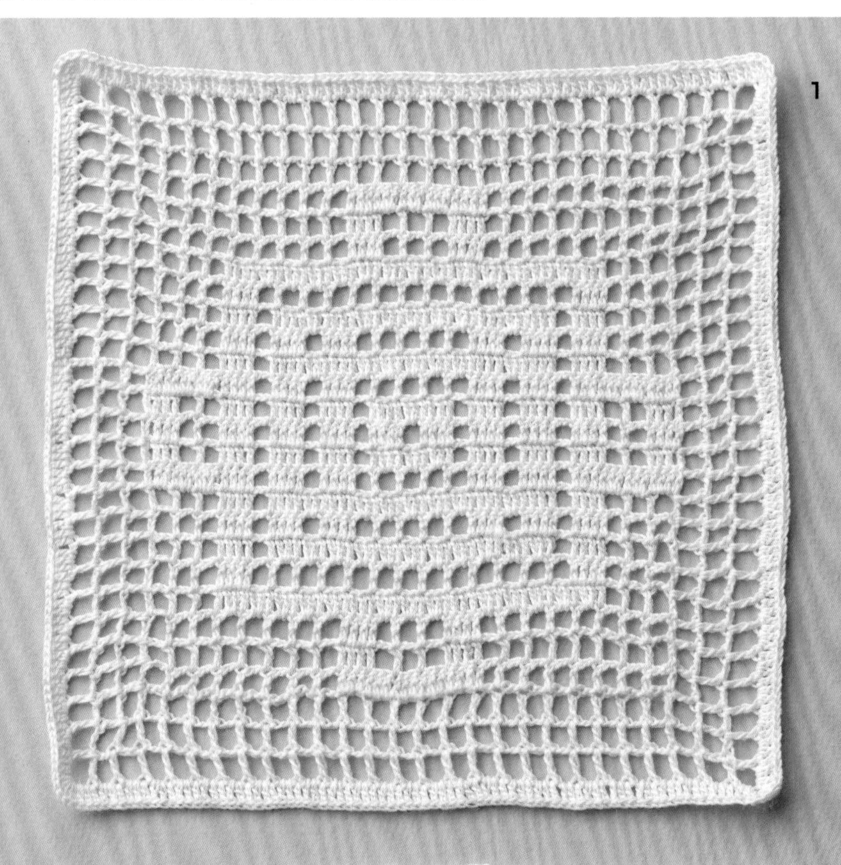
1

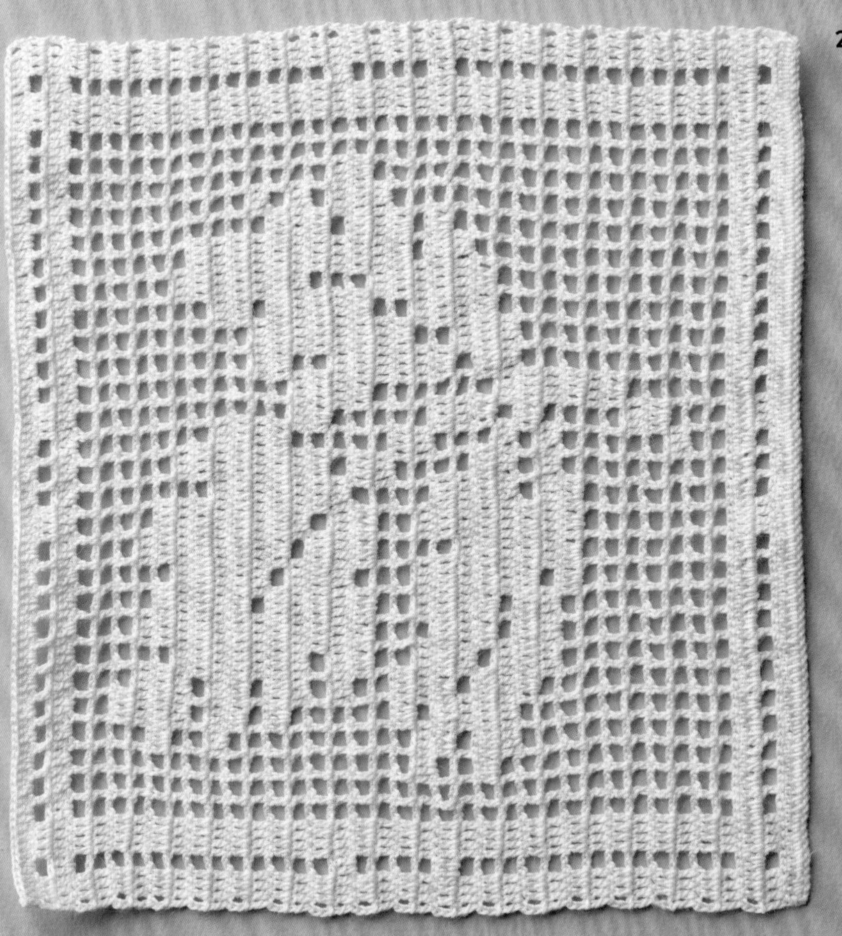
2

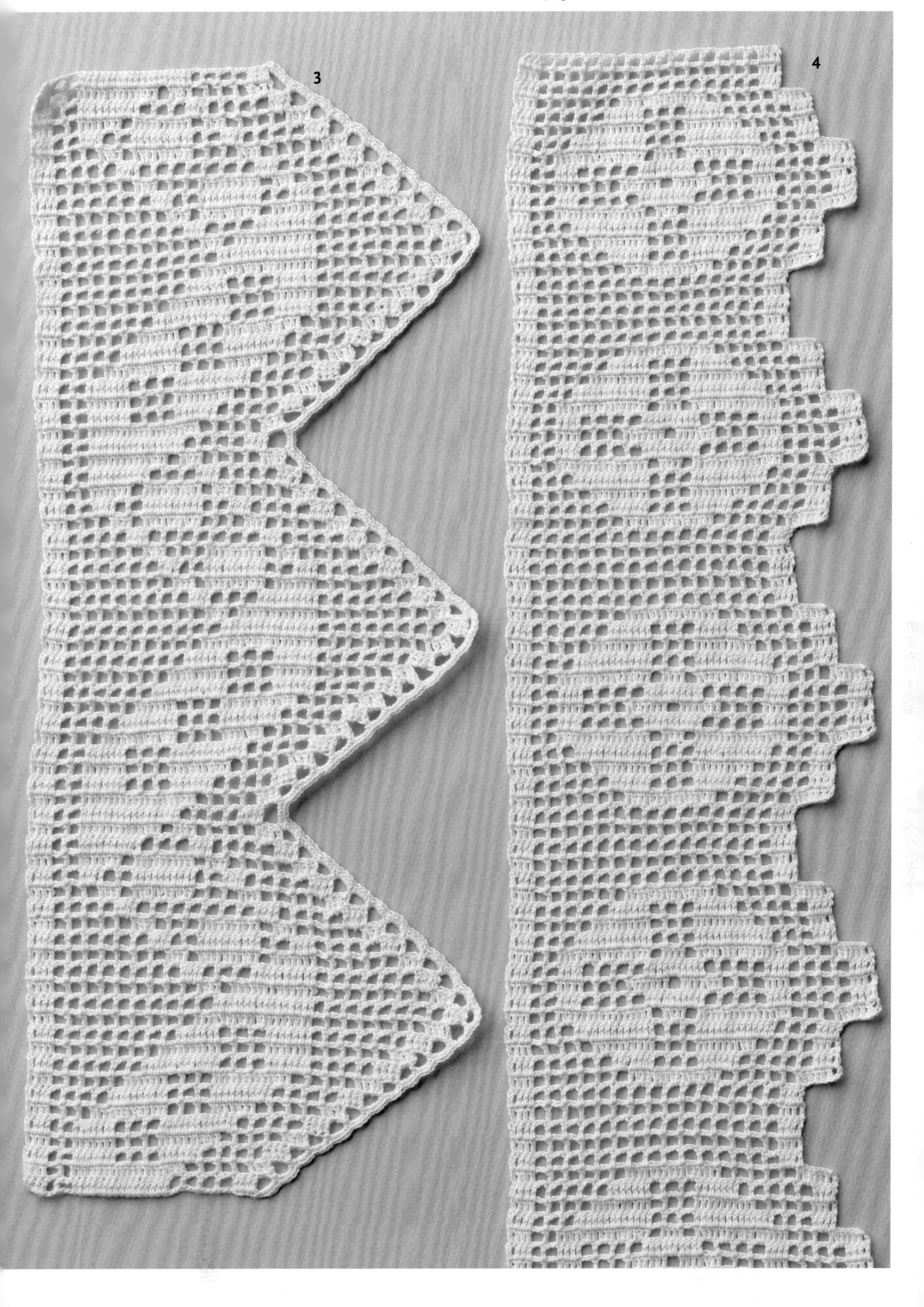
3
4

 钩织技巧 L [杯垫] 从中心开始均匀地钩出相同的花纹，形成一个圆形。图 1、2、4、5、7 都是重复 8 个花纹。

图 3 是由 12 个卷针钩出的花瓣垫。图 6 是通过不规则的加针形成的菱形。图 8 是由 32 片花瓣组成的太阳花。page 126

page 128

这里仅使用了搓板针织法。图中是用柔软亲肤棉线织的婴儿帽。从帽檐开始编织。page 129

2 条缆绳花样时而分开时而靠近，整体用相同的针数一直编织。

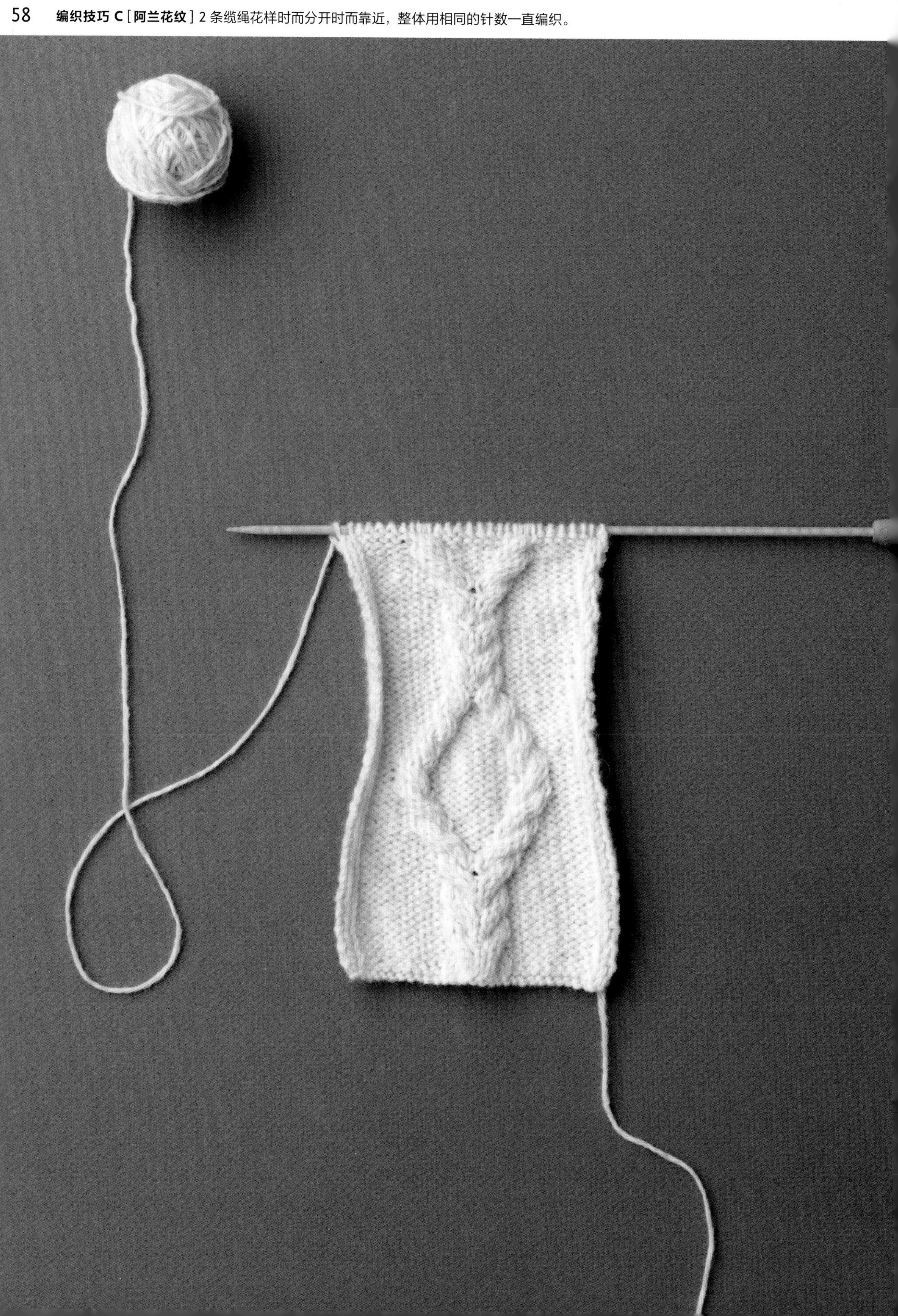

中间和两侧的花纹不同。在菱形中间部分织上装饰爆米花针。有钻石花样的缆绳手提包。page 135

 编织技巧 C [阿兰花样] 图 1 犹如巨浪花样，图 2 是超细线编织的纤细花样，图 3 是复杂的交错立体花样。

3
4
5

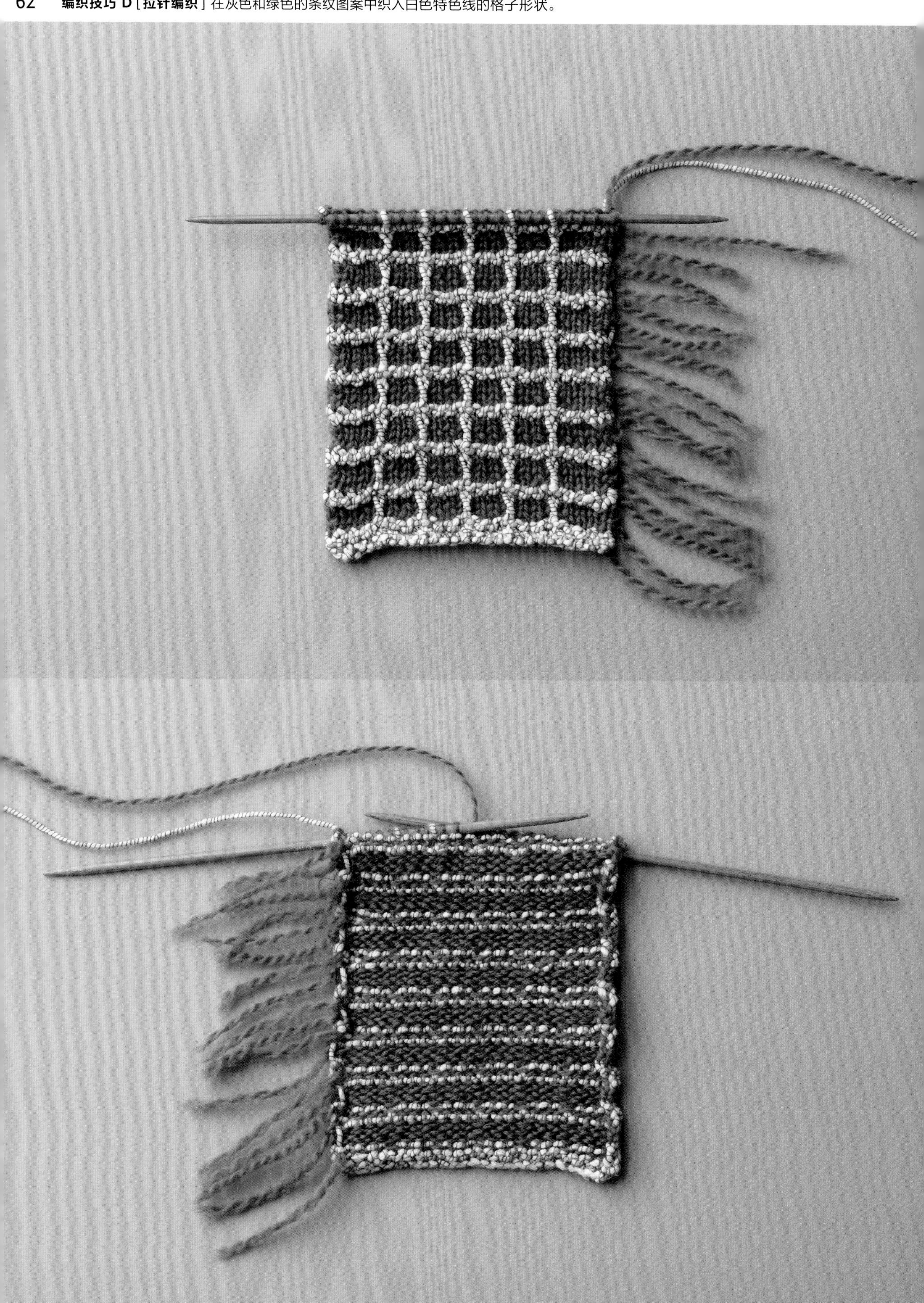

 编织技巧 D［拉针编织］图 1 是使用了交叉针和滑针形成的拉针编织效果的人字形花样，图 2 运用 3 种颜色的线来强调纵向线条花纹。

图 3 是红色和白色的细小花样，正面是简洁款红白相间的方格花样。图 4 是倾斜的格子花样。完成后成品特别厚实。page 142

3

4

 编织技巧 E [方格花样] 以双色跳棋方格花样为底，用缝针穿线后进行针织刺绣。

蓝色、原色、黑色三种颜色的线均为刺绣针迹。图中是一款苏格兰格子风格的背包。page 140

编织技巧 E [方格花纹] 图 1 以横向条纹为底，纵向用针织刺绣。图 2 用黑色和绿色线刺绣形成格子。

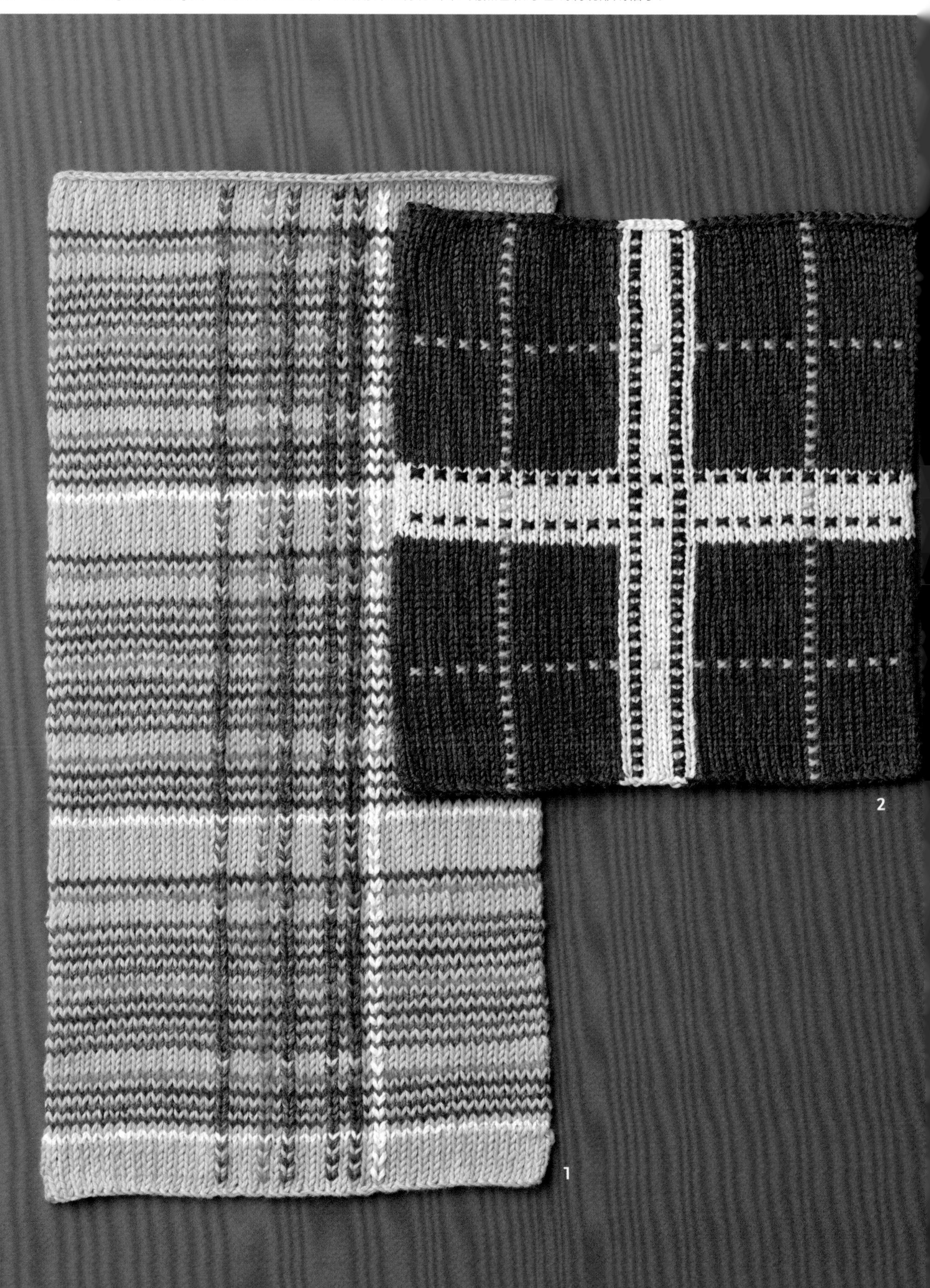

3
4

 编织技巧 F［费尔岛花样］配合包包的高度，编织 4 根横向长织带。看上去有多种颜色，但实际上 1 行中最多有两种颜色。

严格按照标准针数编织后机缝在帆布包上，再与牛仔布缝合的费尔岛横条纹图案的背包。page 146

 编织技巧 F [费尔岛花样] 图 1 和图 2 是运用双色传统花样的变化编织。图 3 使用了多色、连续的小花纹编织。

1

2

图 4 是绿色和紫色的条纹与黑色交织成字母风格的花样。图 5 运用连续的几何花样，仅在四周用米白色编织。page 142

编织技巧 G［褶饰刺绣］罗纹底上，挑起下针刺绣出褶皱，此为十字绣针法。

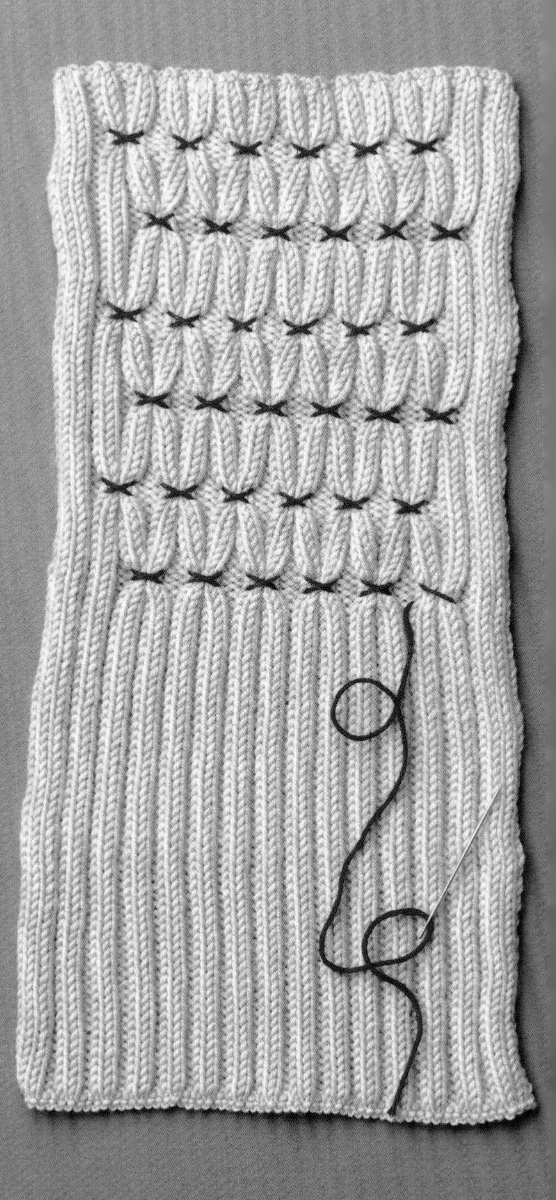

左右用十字绣，中间用蜂窝锈，褶饰刺绣而成的背包。page 148

 编织技巧 G［**褶饰刺绣**］图 1 是一边数织物的下针针数穿线一边抽紧线的蜂窝绣。图 2 中加了木制串珠。

图 3 运用变化的罗纹织绣两道交错的十字绣。图 4 和图 5 是强调下针的纵向线。图 6 和其他不同，是用编织挑绣横向线条。page 150

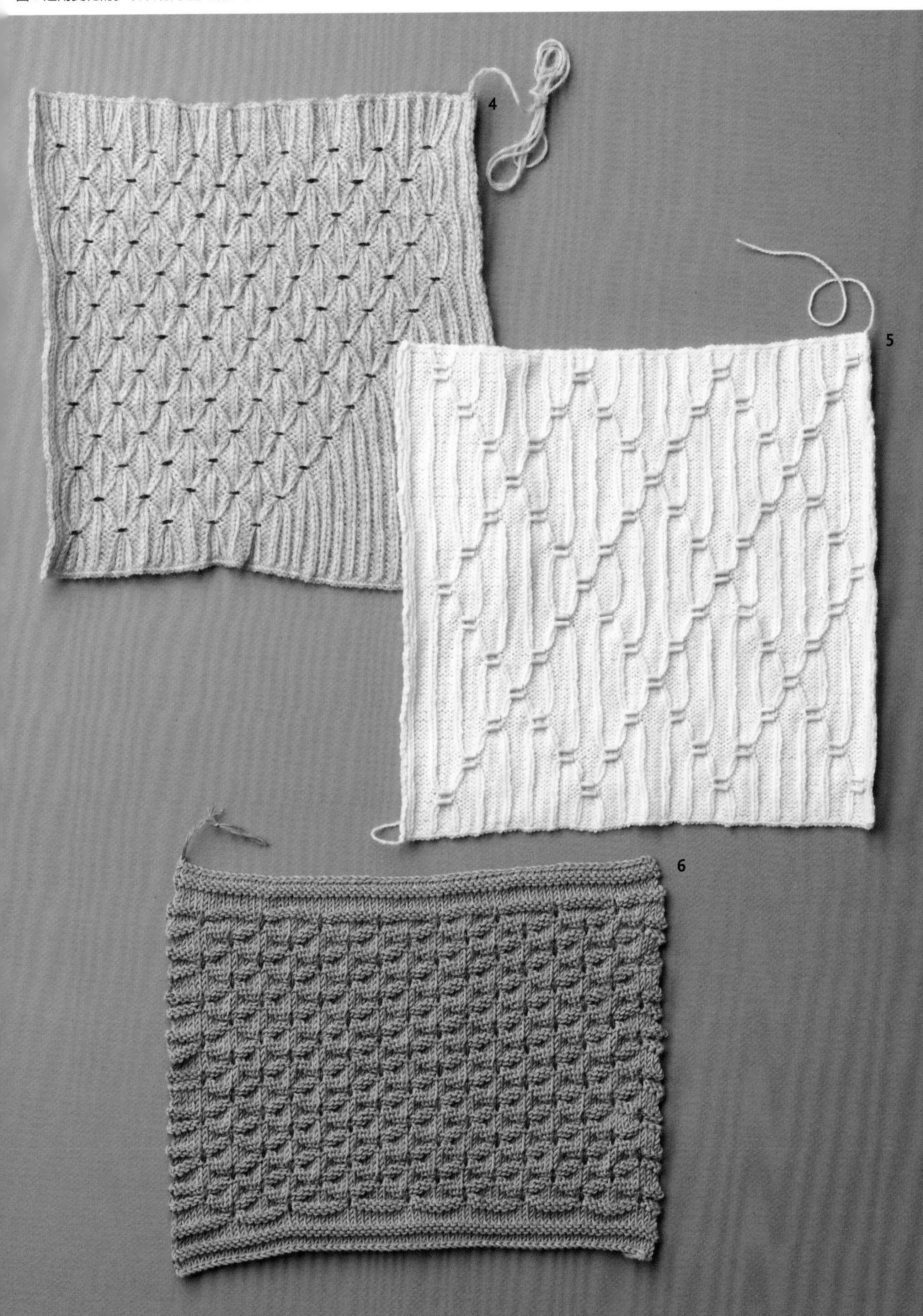

 编织技巧 H [海扇饰边] 以海扇边开始编织。图 1 中用钩针织入了枣形针装饰。

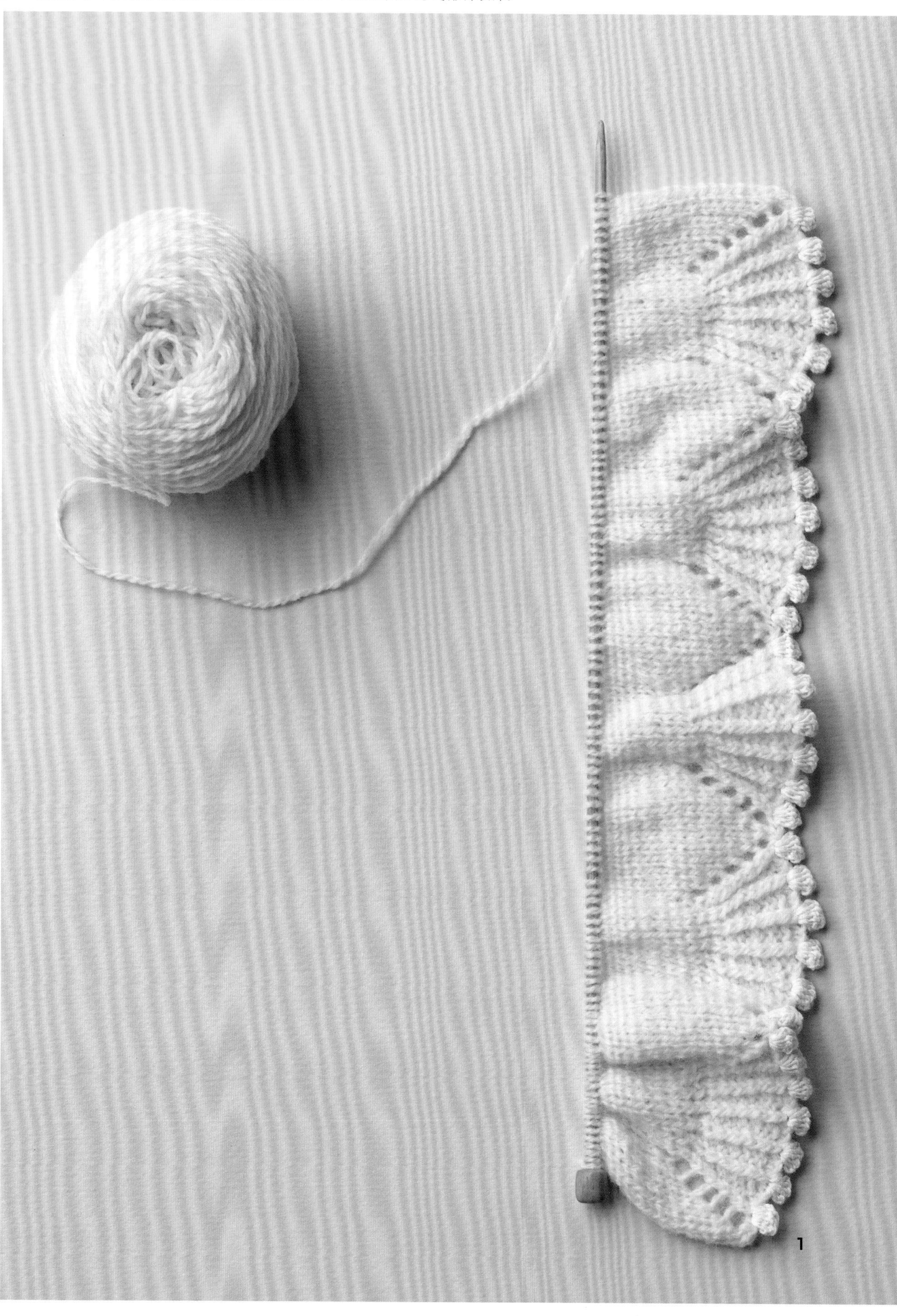

以孔思特蕾丝风格的加减针方法来变换方向。图 2 是像叶子一样的花样，图 3 是条纹针花样。page 152

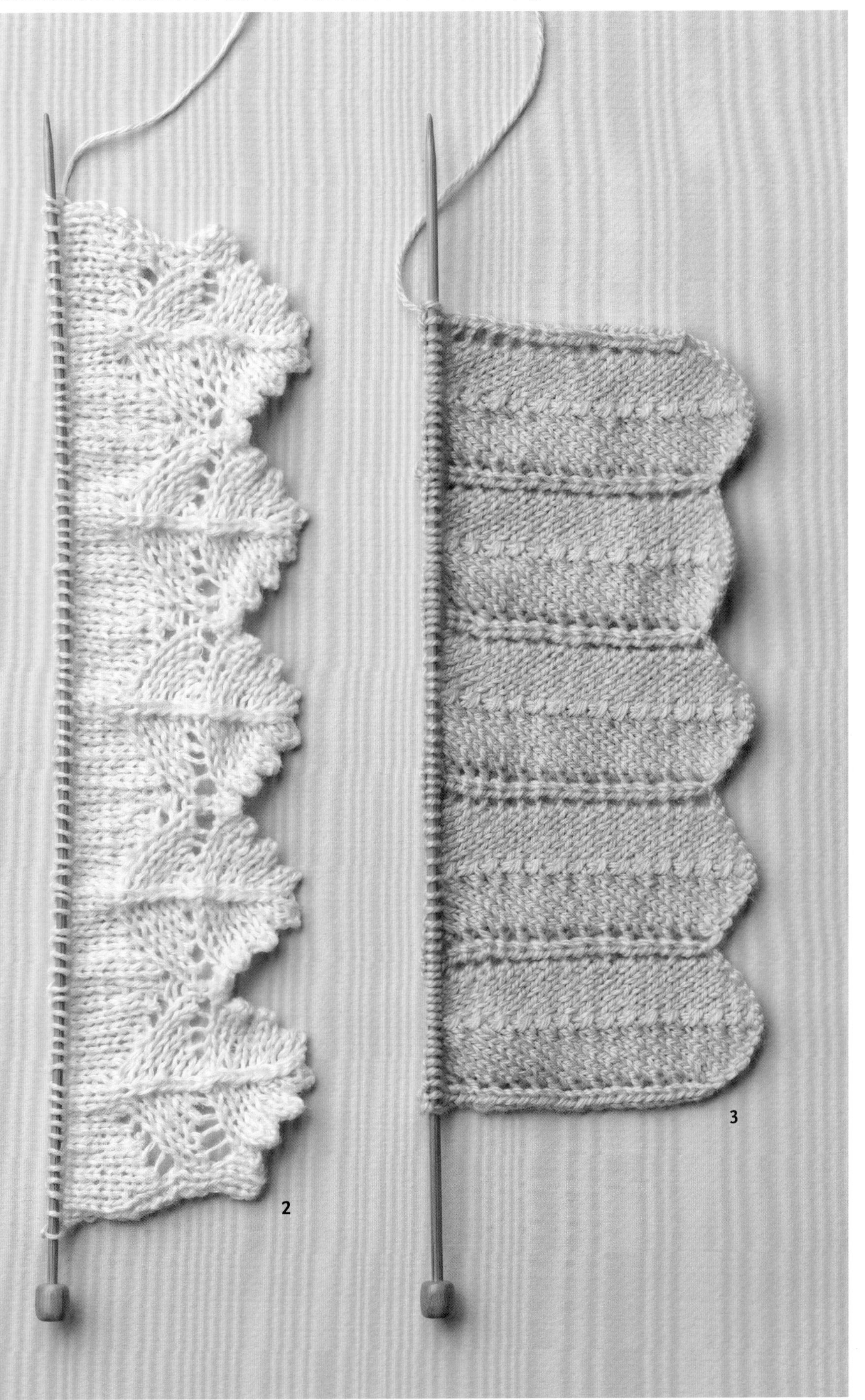

 编织技巧 I [缘饰] 可以根据需要调节编织缘饰的长度。图 1 是蕾丝花样，图 2 是叶子花样，图 3 是波浪花样。page 152

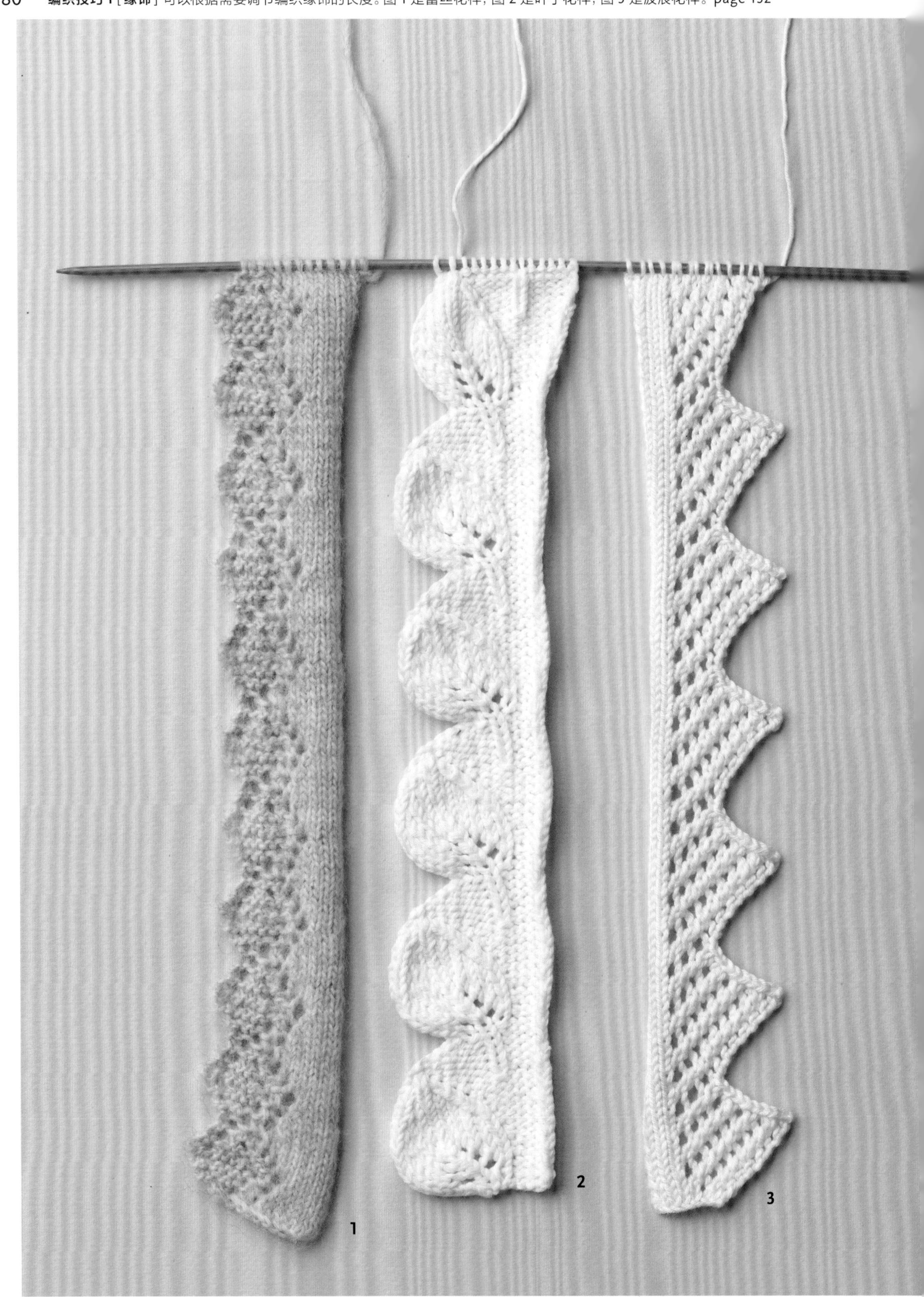

制作方法 how to make

钩针编织 crocheting technique

棒针编织 knitting technique

成品 波浪叶形背包 page 4,5

○ 材料

［A.F.E］银灰色横卷线（905）、
绿色（220） 各80g
表布 罗缎棉50cm×30cm
里布 印花棉50cm×30cm
表布、里布黏合衬 薄黏合衬50cm×60cm
表布包口黏合衬 帆布毛衬17.5cm×5cm 2张
提手 1.2cm宽的筒状罗缎织带88cm、
1.2cm宽的定型条88cm

○ 工具

4/0号钩针

○ 制作方法

① 编织包包外袋。编织出有6个波纹的长条。第2个开始如图用引拔针连接编织。对折后用短针编织两侧，整理成包口。
② 分别缝合内袋的表布和里布。
③ 制作提手。
④ 在表布包口上粘贴黏合衬。
⑤ 缝合表布和里布，制作内袋。
⑥ 将外袋和内袋对齐缝合后完成。

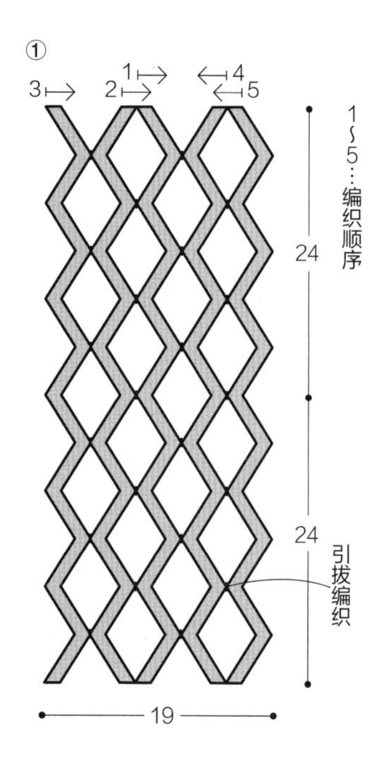

1

1针
11针
11针
3针
26针1组花样

48（6个起伏・起153针）

将波纹部分连接（引拔针）
①开始是绿色
②接着边用银灰色编织边连接

◄ 断线
◁ 接线

侧面的整理（绿色・短针编织1行）

对折
a b c d 与e连接 e d c b a
8针 10针 10针 10针 10针 10针 10针 10针 10针 10针 10针 8针
8针 10针 10针 10针 10针 10针 10针 10针 10针 10针 10针 8针
f g h i j 与j连接 i h g f

包口（银灰色）

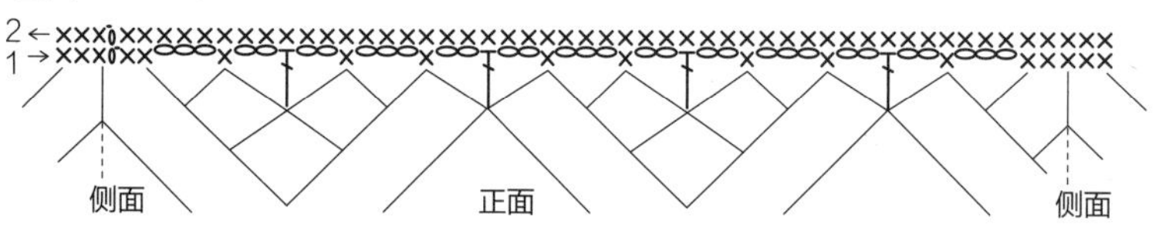

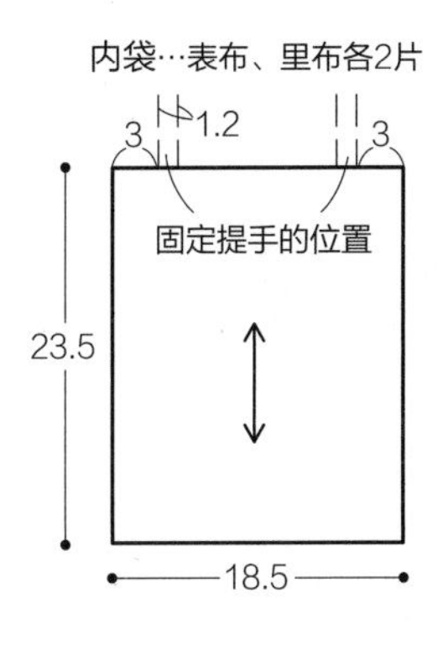

＊四周留1cm缝份后剪裁

2

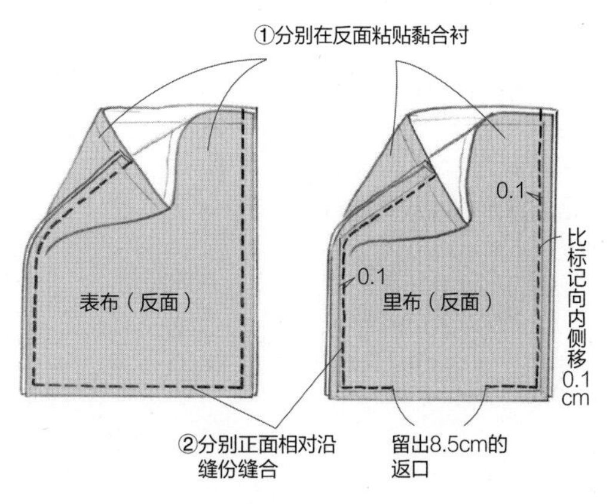

3

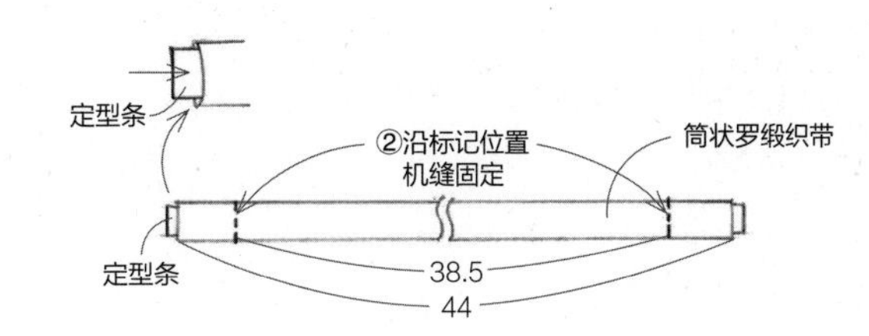

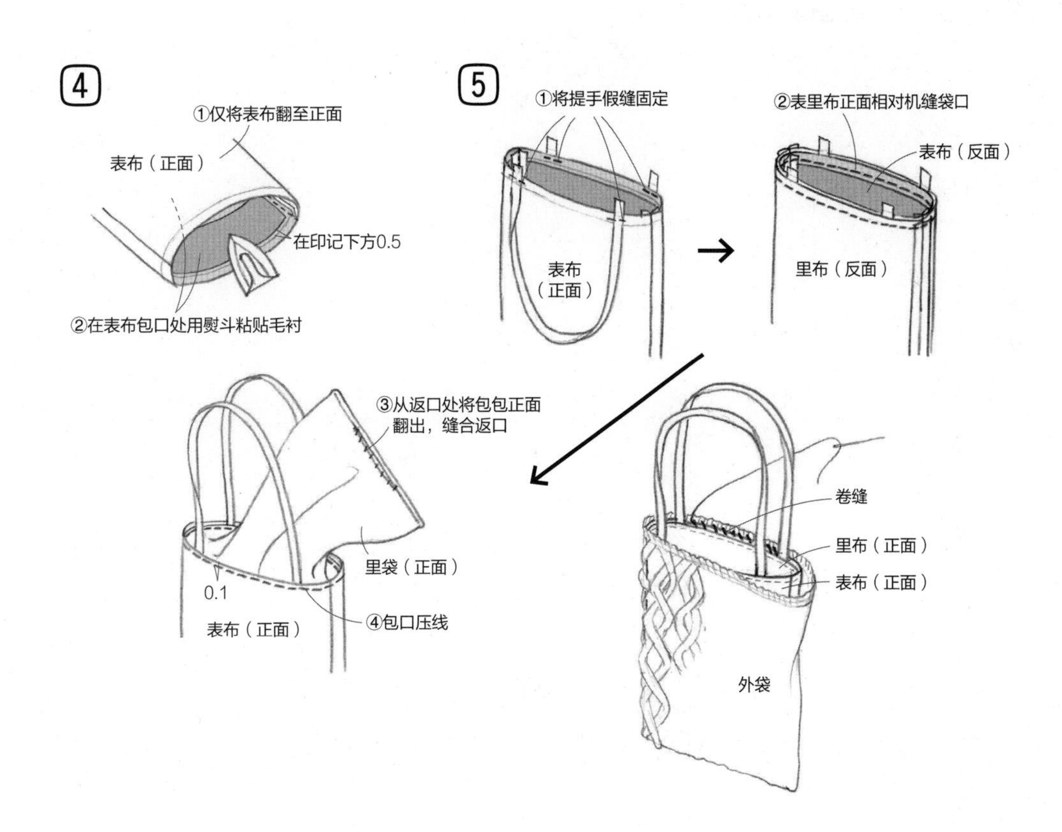

成品 布满贝壳的随身包 page 6

◎ 材料

［A.F.E］白色横卷线（417）160g
里布　素色棉布50cm×15cm
里布黏合衬　薄黏合衬50cm×15cm
扣子　1.2cm×1.2cm水晶扣1颗

◎ 工具

2/0号、3/0号钩针

◎ 制作方法

① 钩织外袋。用3/0号针锁针起针成环状，换成2/0号钩针从包口继续钩织。每行更换方向钩织。
② 制作内袋。
③ 对齐表袋和内袋组合。
④ 制作扣襻后完成。

①

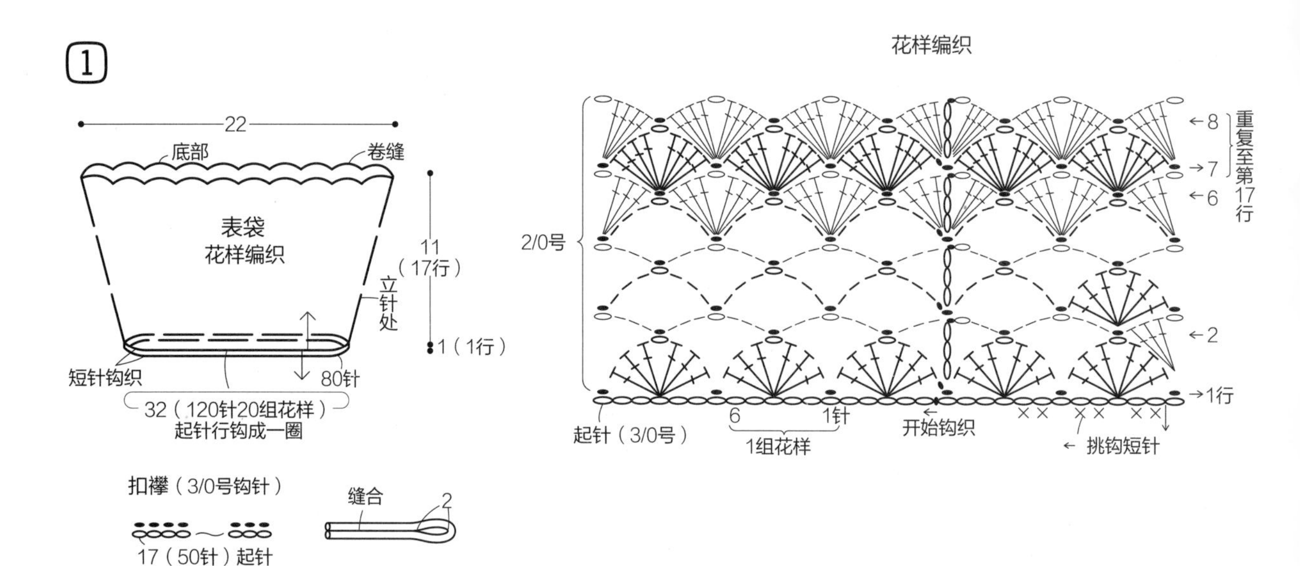

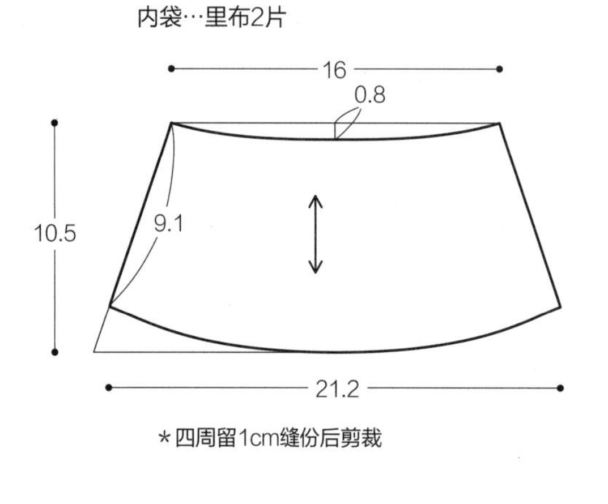

②

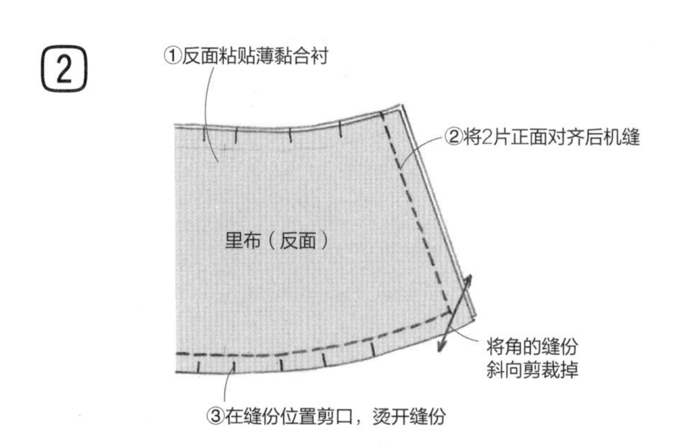

③

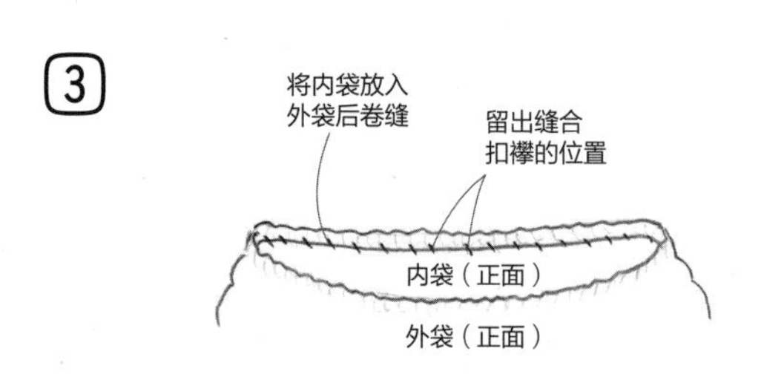

④

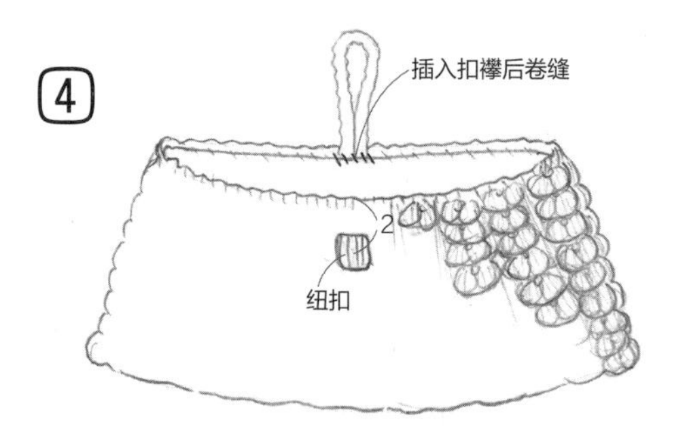

成品 扇形随身包 page 7

◎ 材料

［A.F.E］黄色横卷线（540）74g
12mm的圆环1个
里布　印花棉布40cm × 10cm
里布黏合衬　薄黏合衬40cm × 10cm
拉链　1根22cm
纽扣　3.3cm × 1.3cm的纽扣1粒

◎ 工具

3/0号钩针

◎ 制作方法

① 制作外袋。底部从圆环内开始钩织。
② 制作固定扣襻。
③ 在外袋上拉链。
④ 制作内袋。
⑤ 组合对齐外袋和内袋。
⑥ 缝纽扣。

①

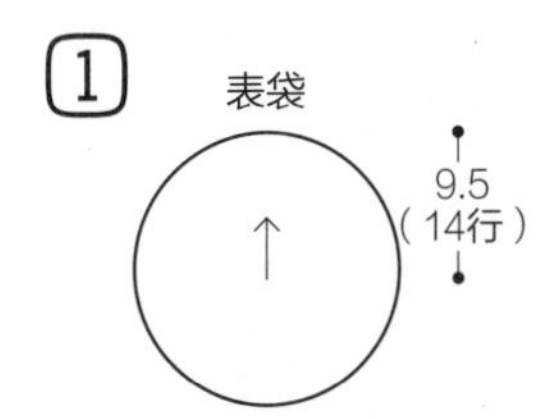

行	钩织方向	花样钩织
14	从反面	长5　锁1　长5
13	从正面	长5　锁1　长5
12	从反面	长5　锁1　长5
11	从正面	长4　锁1　长4
10	从反面	长4　锁1　长4
9	从正面	长4　锁1　长4
8	从反面	长4　锁1　长4
7	从正面	长3　锁1　长3
6	从反面	长3　锁1　长3
5	从正面	长2　锁1　长2
4	从反面	长3　锁1　长3
3	从正面	长2　锁1　长2
2	从正面	长32
1	从正面	长16

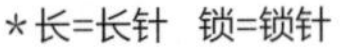
＊长=长针　锁=锁针

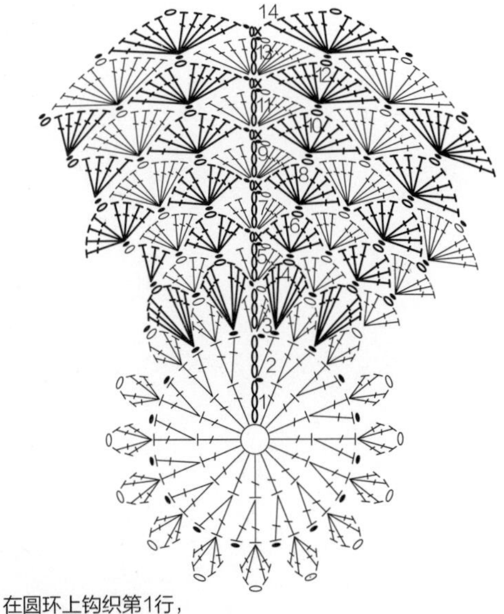

在圆环上钩织第1行，
花样间隔1针引拔针。
从正面钩织时从上一
行挑2根线钩织，
从反面钩织时从上一
行挑锁针外半针钩织。

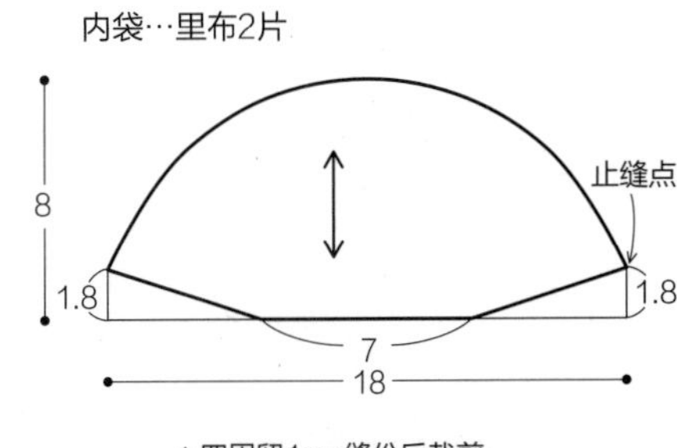

＊四周留1cm缝份后裁剪

②

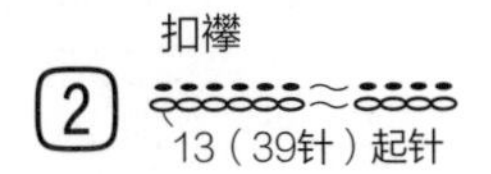

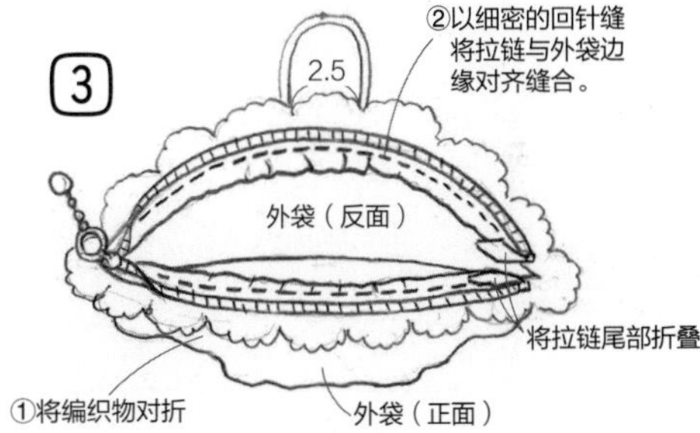

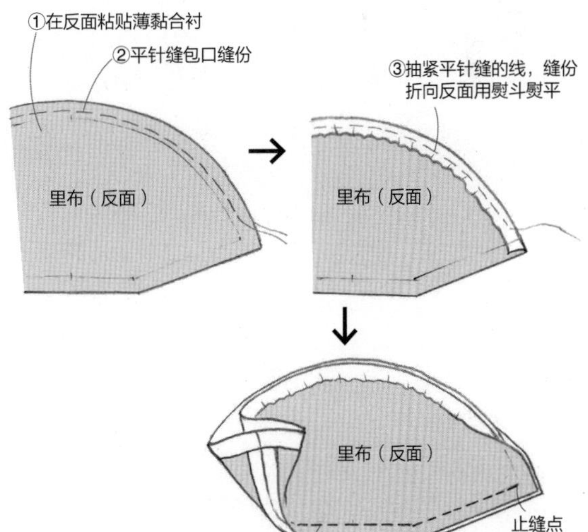

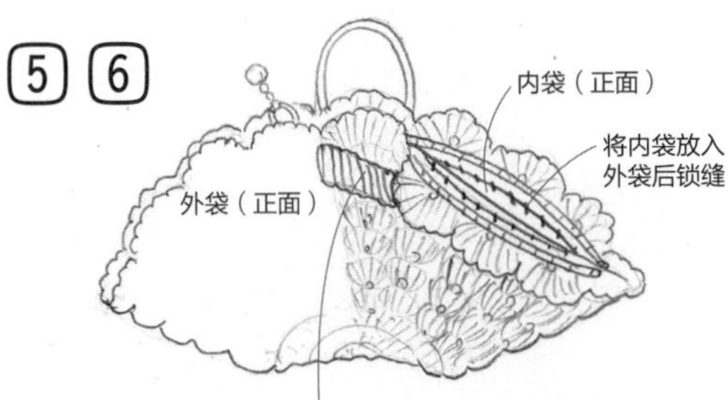

成品 # 4 款钩织花样 page 8,9

1

◎材料

[A.F.E] 米色横卷线(901)

◎工具

4/0号钩针

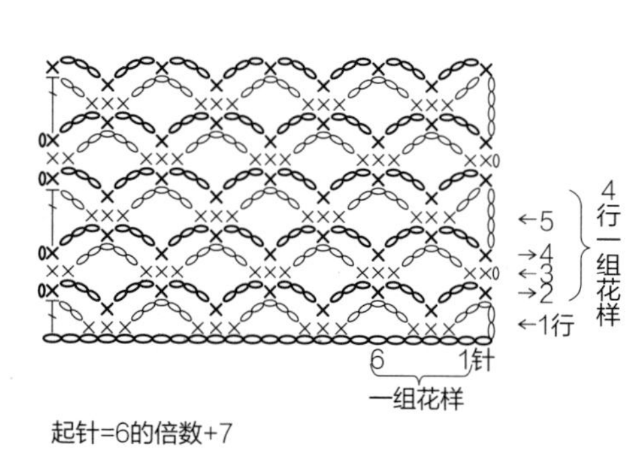

起针=6的倍数+7

2

◎材料

[A.F.E] 浅绿色横卷线(205)

◎工具

4/0号钩针

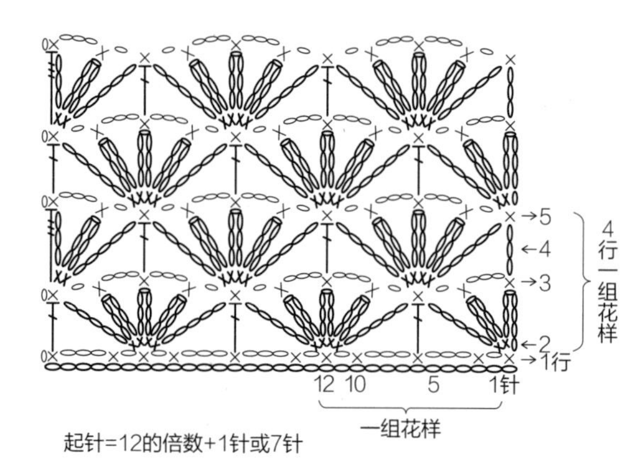

起针=12的倍数+1针或7针

3

◎材料

[A.F.E] 深蓝色(235)、茶色(937)横卷线

◎工具

4/0号钩针

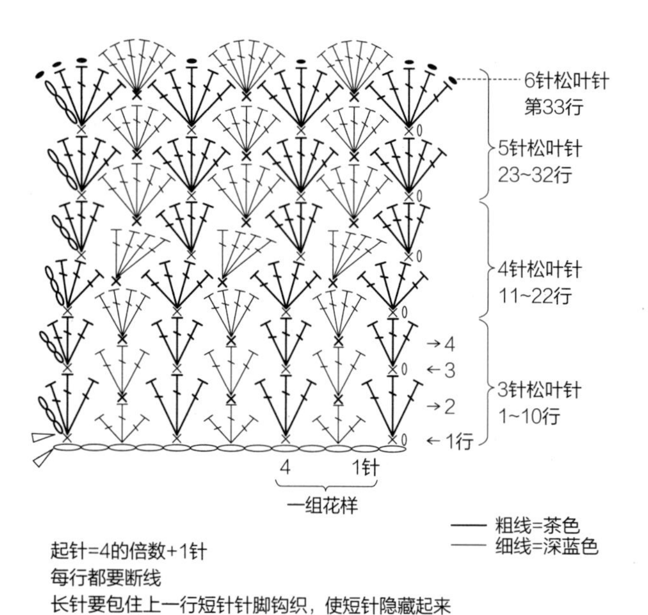

—— 粗线=茶色
—— 细线=深蓝色

起针=4的倍数+1针
每行都要断线
长针要包住上一行短针针脚钩织,使短针隐藏起来

4

◎材料

[A.F.E] 横卷线(315)、
[町田丝店] 丝光苎麻亚麻混纺线(下面简称为“丝光麻线”)(细)

◎工具

4/0号钩针

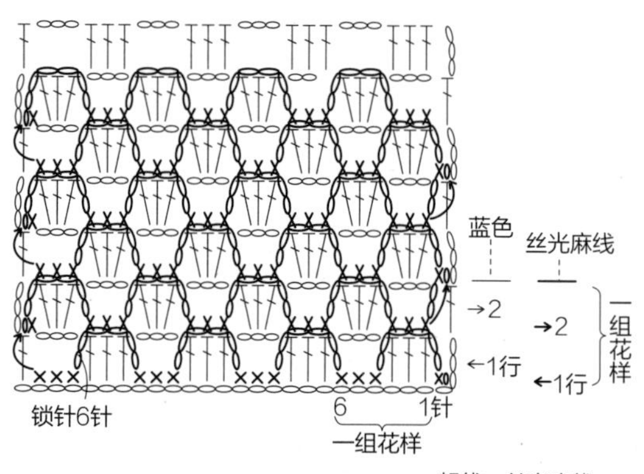

—— 粗线= 丝光麻线
—— 细线=蓝色

起针=6的倍数+2针
编织第2行丝光麻线的短针时,
是包住上一行长针针脚头部和第1行的锁针钩织。

成品 花瓣零钱包 page 11

● 材料

［横田DARUMA］Material Cord（聚乙烯软胶线）红色（3）40g、原色（2）15g

8mm的圆环2个

里布　印花棉布35cm×20cm

里布黏合衬　薄黏合衬30cm×15cm

拉链　20cm长

● 工具

3/0号钩针

● 制作方法

1 钩织2片花样做外袋的前后侧。在正面钩织花瓣。

2 在外袋上安装拉链。

3 制作内袋。

4 将内袋、外袋组合。

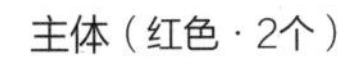

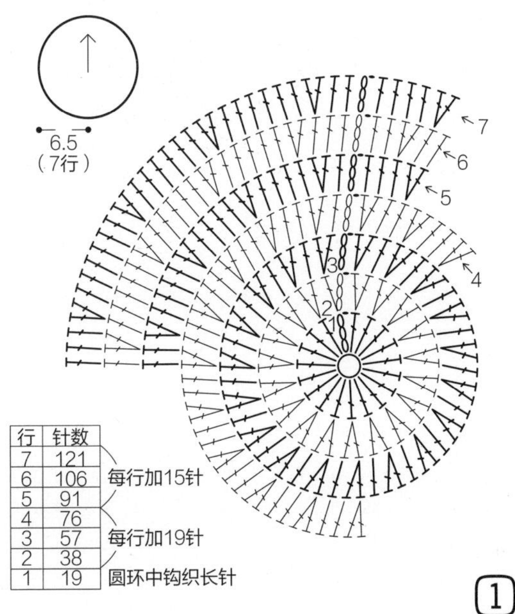

行	针数
7	121
6	106
5	91
4	76
3	57
2	38
1	19

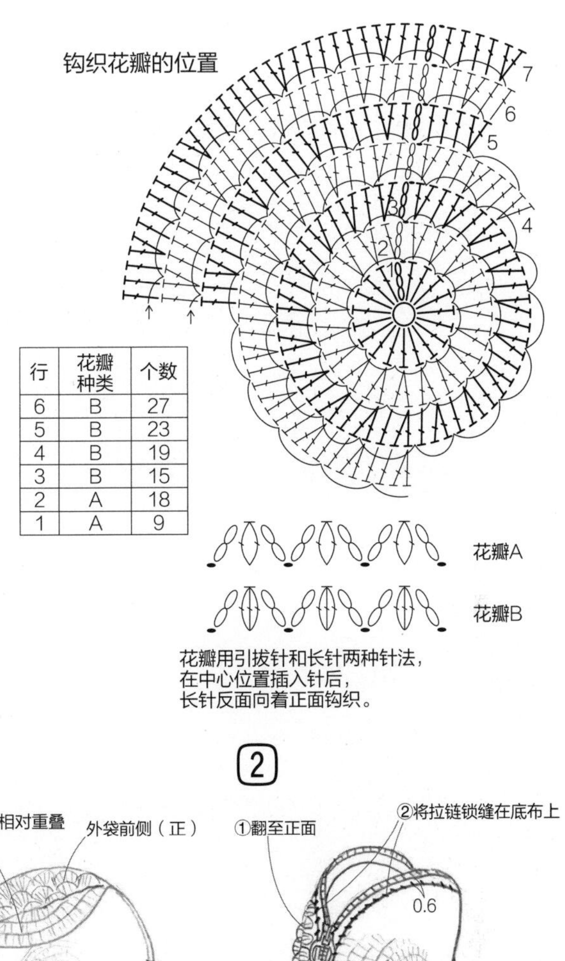

行	花瓣种类	个数
6	B	27
5	B	23
4	B	19
3	B	15
2	A	18
1	A	9

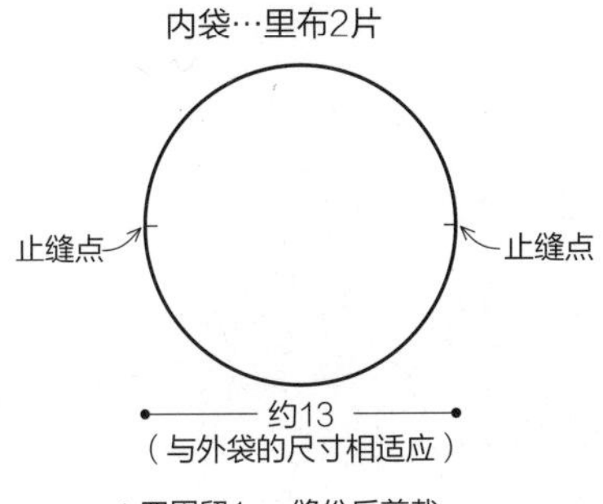

＊四周留1cm缝份后剪裁

1

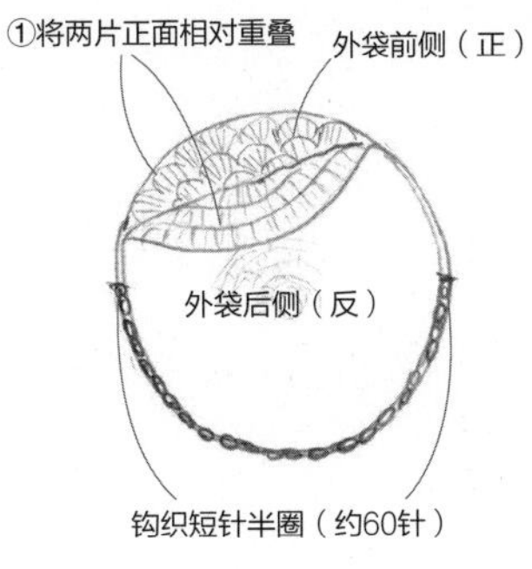

2

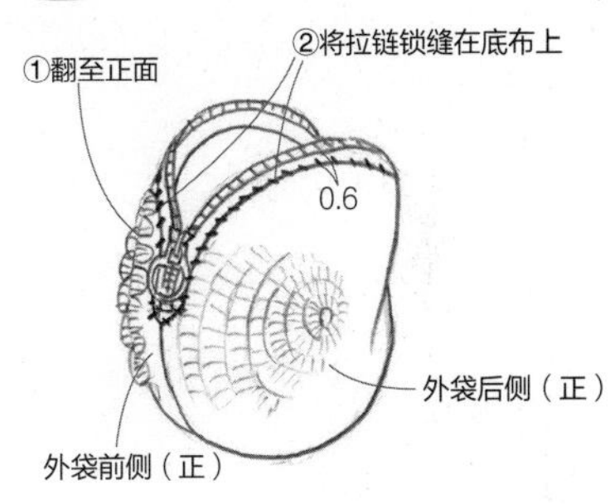

3

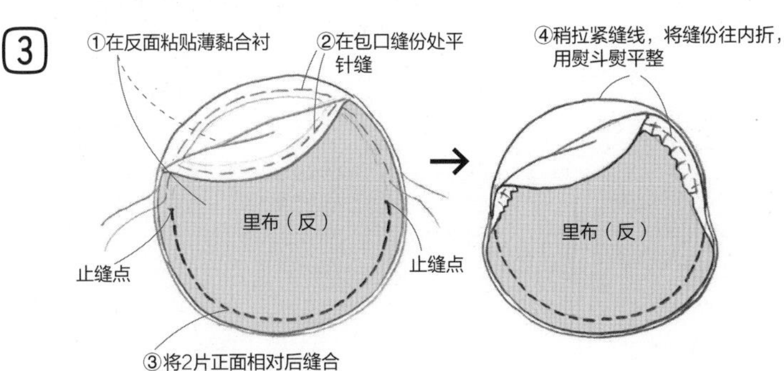

4

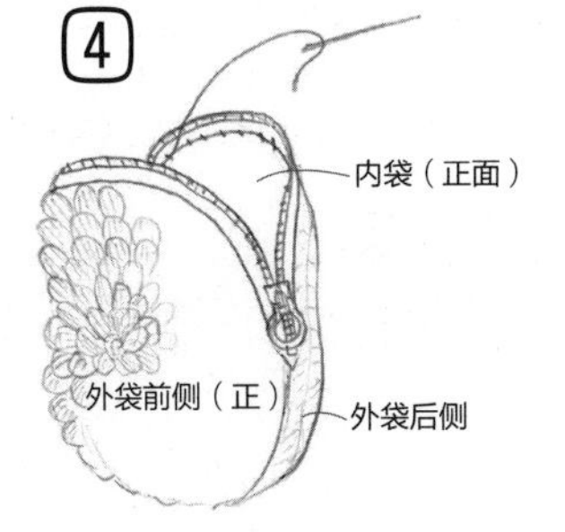

成品 防水背包 page 10

◉ 材料

［横田DARUMA］Material Cord（聚乙烯软胶线）灰色（9）85g、黑色（11）77g、白色（1）10g

12mm圆环1个

◉ 工具

3/0号钩针

◉ 制作方法

① 底部用灰色线钩织长针，将反面作为正面。

② 花样钩织为8针1组，从底部开始第1行为6针1组花样，第18行为7针1组花样。

③ 包口的位置逐渐减针，继续钩织提手和包包边缘。

①

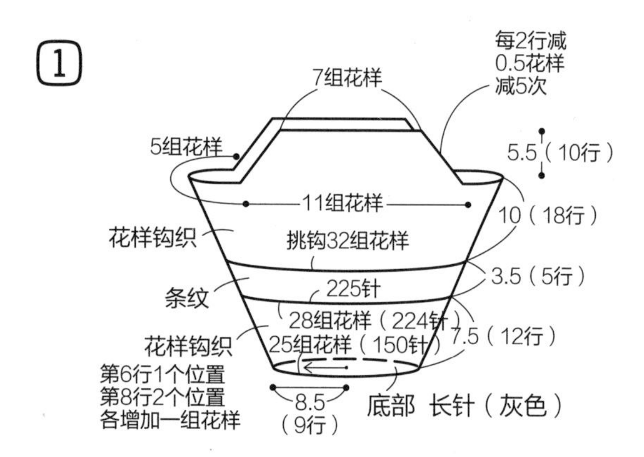

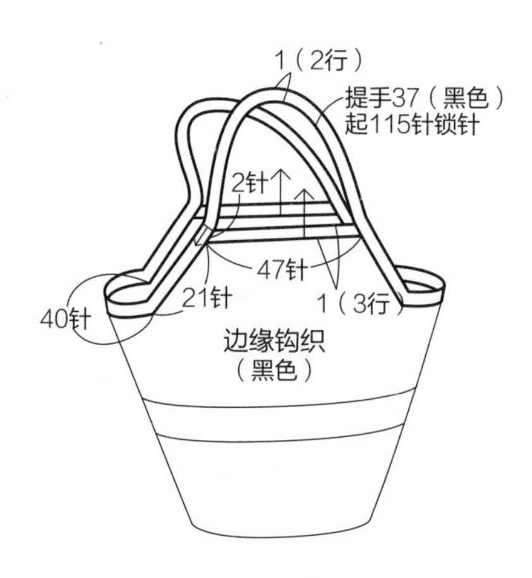

底部钩织方法（反面朝外）

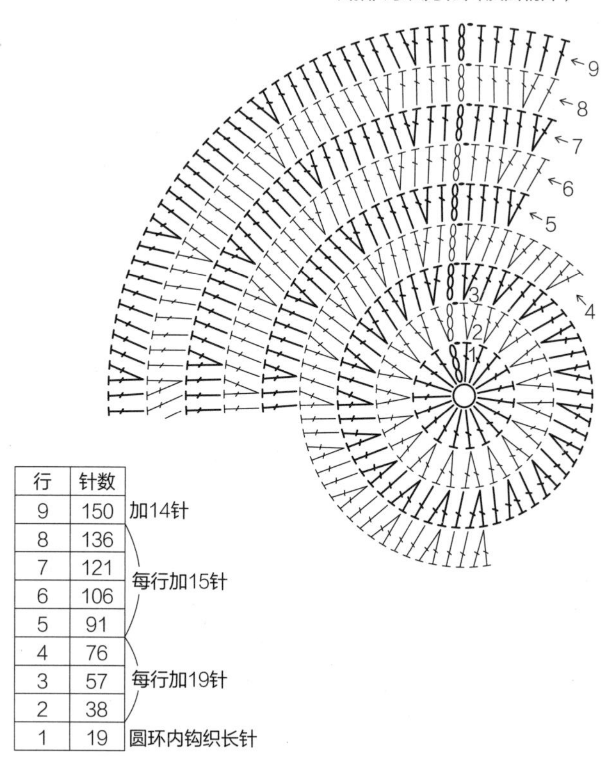

行	针数	
9	150	加14针
8	136	每行加15针
7	121	
6	106	
5	91	
4	76	每行加19针
3	57	
2	38	
1	19	圆环内钩织长针

边缘

3
2
1行（挑针）

提手

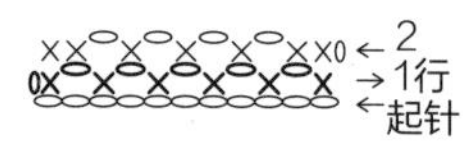

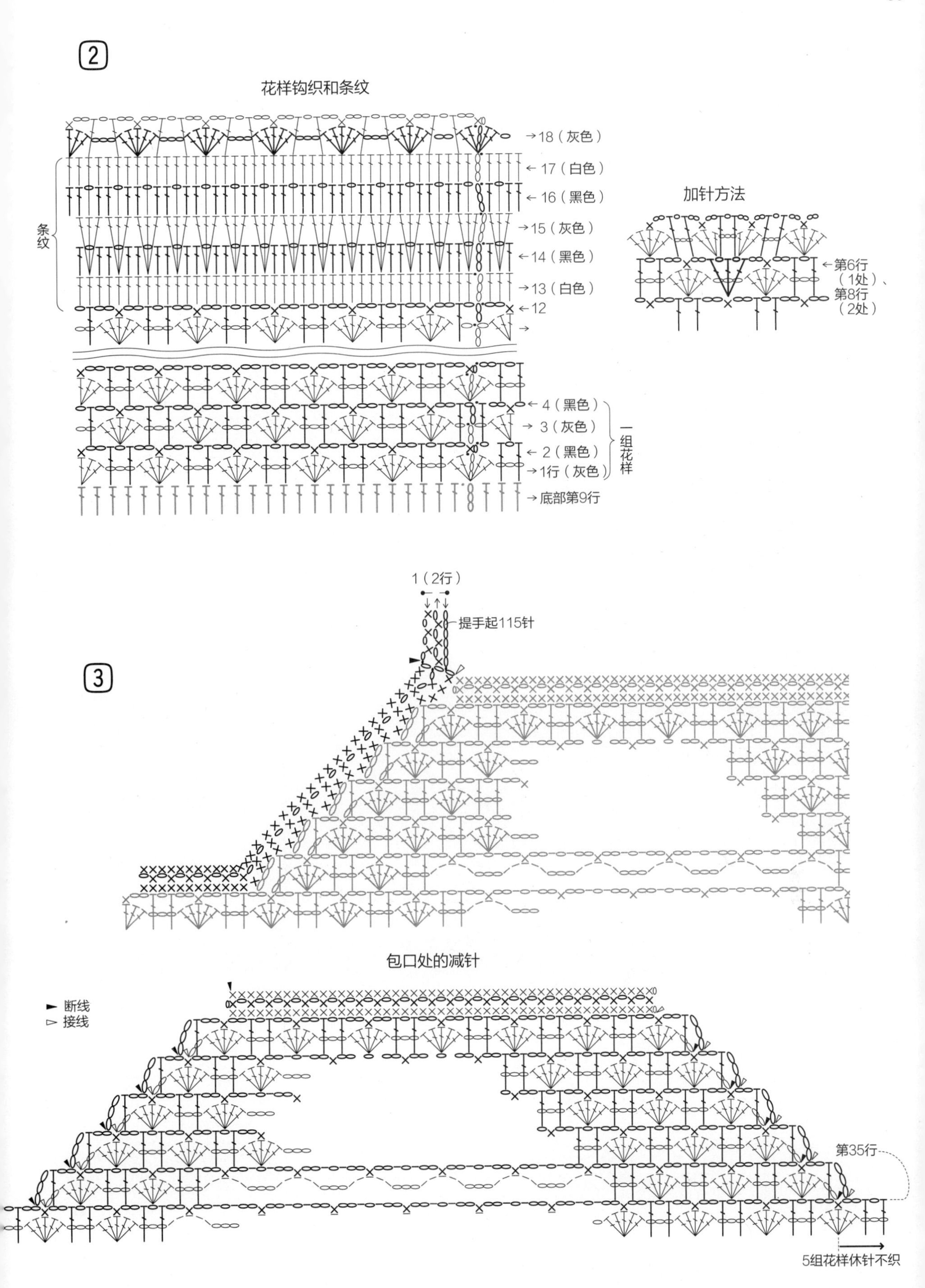
2
花样钩织和条纹
→18（灰色）
←17（白色）
←16（黑色）
→15（灰色）
←14（黑色）
→13（白色）
←12
条纹
←4（黑色）
→3（灰色）
←2（黑色）
→1行（灰色）
一组花样
→底部第9行
加针方法
←第6行（1处）、第8行（2处）
3
1（2行）
提手起115针
包口处的减针
► 断线
▷ 接线
第35行
5组花样休针不织

成品 4 款钩织花样 page 12,13

1

◎ 材料

[横田DARUMA] Material Cord（聚乙烯软胶线）白色（1）、原色（2）

◎ 工具

3/0号钩针

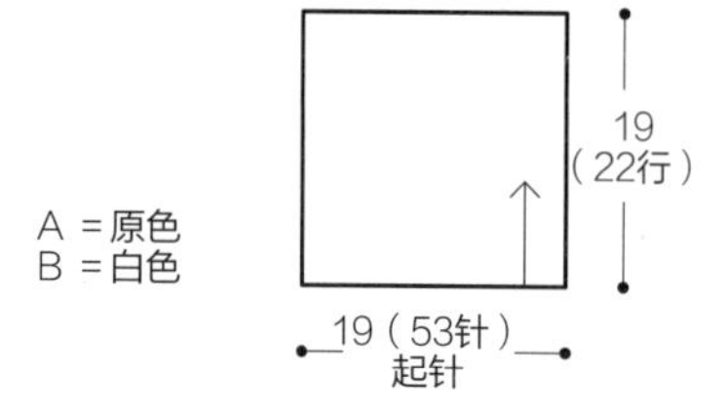

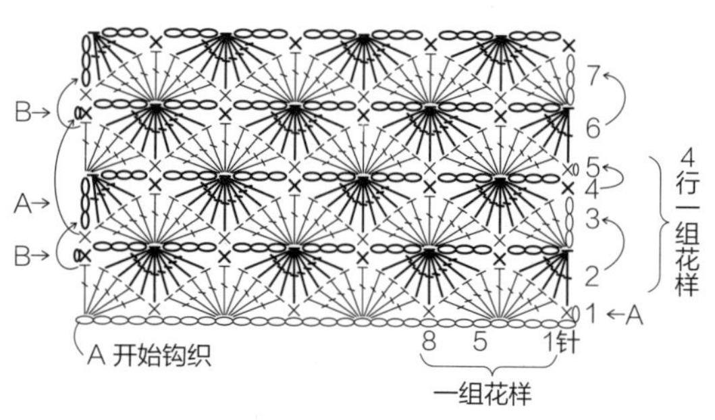

2

◎ 材料

[横田DARUMA] Material Cord（聚乙烯软胶线）黑色（11）

◎ 工具

3/0号钩针

◎ 钩织方法

参照p.155

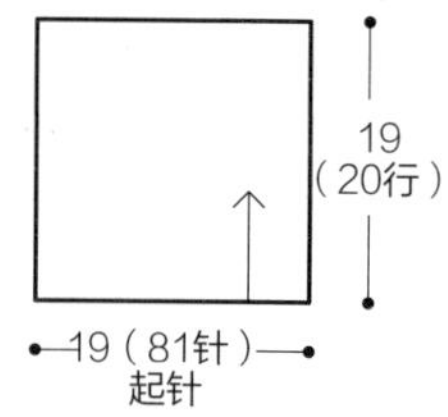

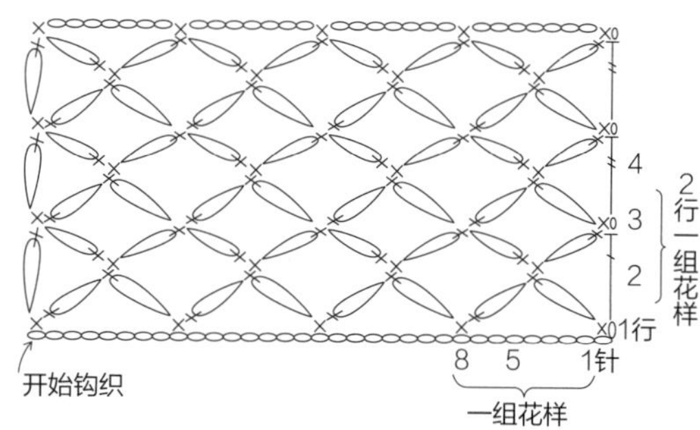

3

◎ 材料

[横田DARUMA] Material Cord（聚乙烯软胶线）深蓝色（8）、原色（2）

◎ 工具

3/0号钩针

A =原色
B =深蓝色

19
（36行）
20（60针）
起针

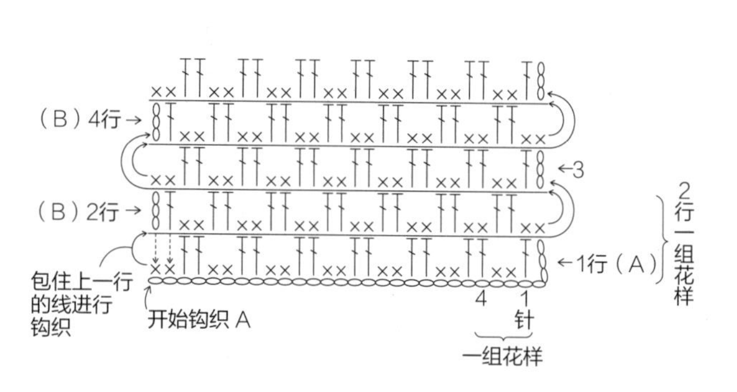

4

◎ 材料

[横田DARUMA] Material Cord（聚乙烯软胶线）黑色（11）、黄色（7）、灰色（9）

◎ 工具

3/0号钩针

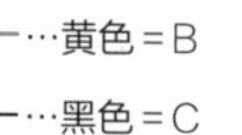

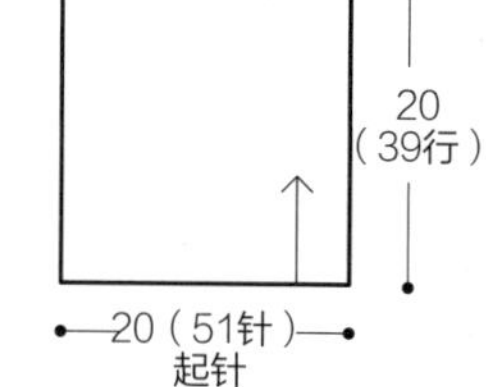

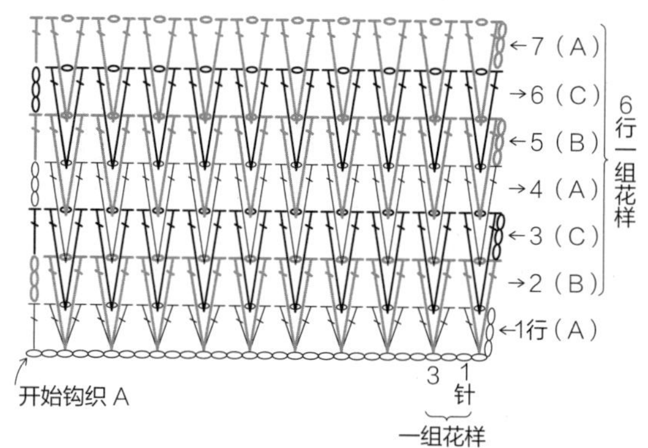

成品 3 款钩织花样 page 16,17

2

材料

［ishii crafts］raffia原色

刺绣用raffia黄绿色、蓝色、苔绿色、深绿色

8mm圆环16个

底布　粗呢27cm×27cm

厚黏合衬　25cm×25cm

工具

2/0号钩针

制作方法

① 钩织花片。

② 在底布背面粘贴黏合衬。

③ 将各色raffia用直线绣将花片的第1行缝在底布上。

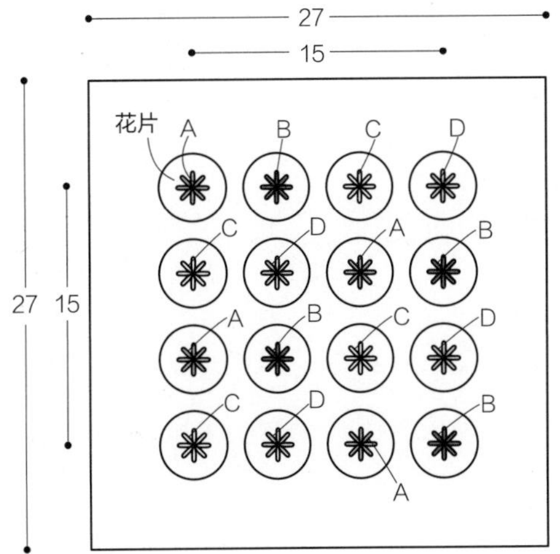

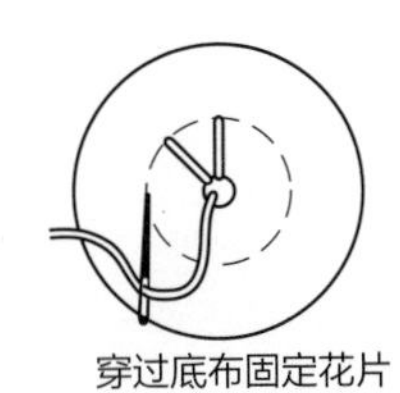

穿过底布固定花片

花片（长针·16个）

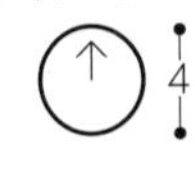

花片 16个

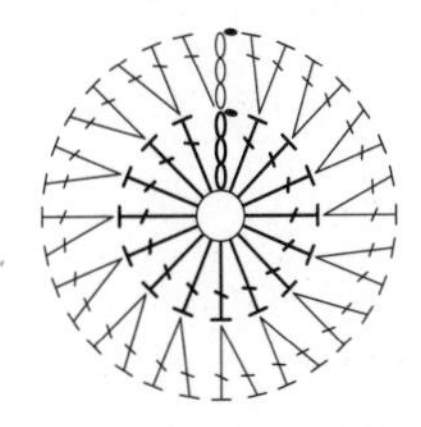

第1行在圆环内钩织16针长针

3

材料

［DMC］25号刺绣线各色

（颜色参照其他表格、取2根）

底布　麻布32cm×38cm

工具

2号蕾丝针

制作方法

① 钩织各色花片。

② 将花片用卷边针连接在一起。

③ 然后将成品用短针锁缝在底布上。

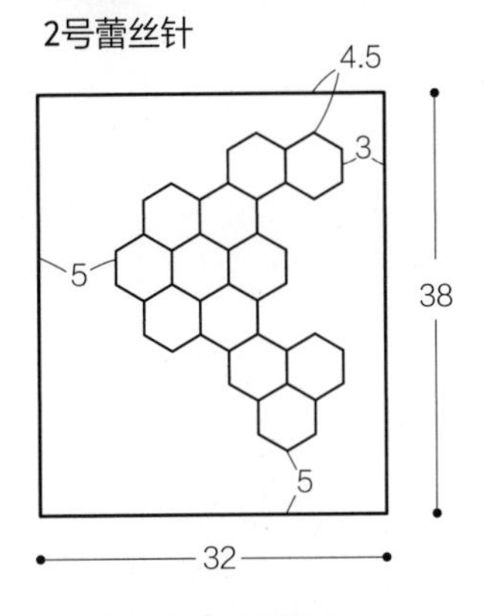

四周用细密的针脚锁缝

花片

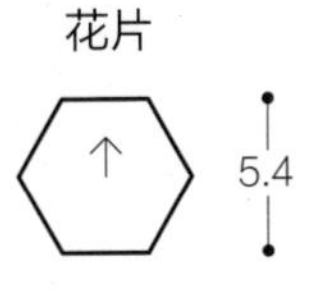

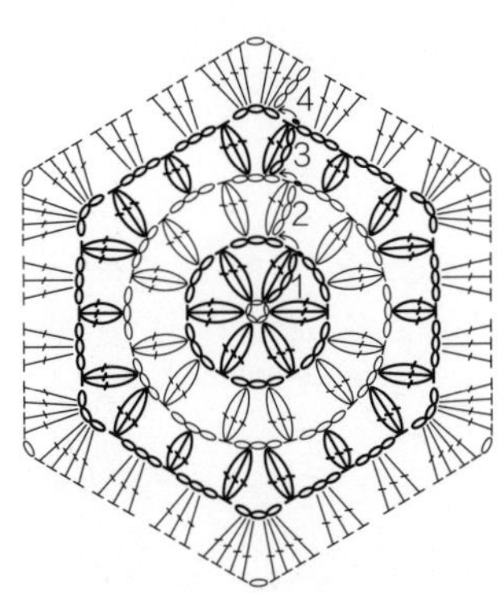

第1行锁针5针成环状后入针钩织

↼ 渡线

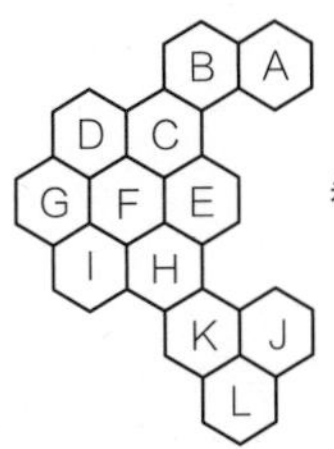

卷针缝合拼接针脚

基础花样配色

A　米色+浅绿色

B　深灰色+水蓝色

C　橙色+奶油色

D　黄绿色+绿色

E　红色×2

F　深灰色+米色

G　牡丹色×2

H　红色+奶油色

I　水蓝色+灰色

J　水蓝色+灰色

K　胭脂红×2

L　米色+紫色

25号刺绣线各取1根

用2根钩织

成品 夏款薄毛料背包 page 14,15

● 材料

[TOSCO] TOSCO苎麻20/3 16g、
[DMC] Cebelia#10的ecru 5g（仅用于B的花朵和花苞）
8mm的圆环5个
表布　薄羊毛80cm × 60cm
里布　印花棉布90cm × 60cm
表布用黏合衬　中厚黏合衬70cm × 60cm
表布袋口用黏合衬　硬衬50cm × 50cm
里布黏合衬　薄黏合衬90cm × 60cm
底板　塑料板27cm × 7cm　1个
提手用黏合衬　毛衬5cm × 50cm、
1.2cm宽的定型条1m
缎带　1cm宽1.8m长

● 工具

2号蕾丝针

● 制作方法

① 钩织花片。
② 剪裁表布和侧边布，固定花片。
③ 缝合侧边布。
④ 将表布和侧边布缝合，制作外袋。
⑤ 在外袋上粘贴硬衬。
⑥ 制作提手，假缝固定在外袋上。
⑦ 制作内袋。
⑧ 将内外袋缝合完成。

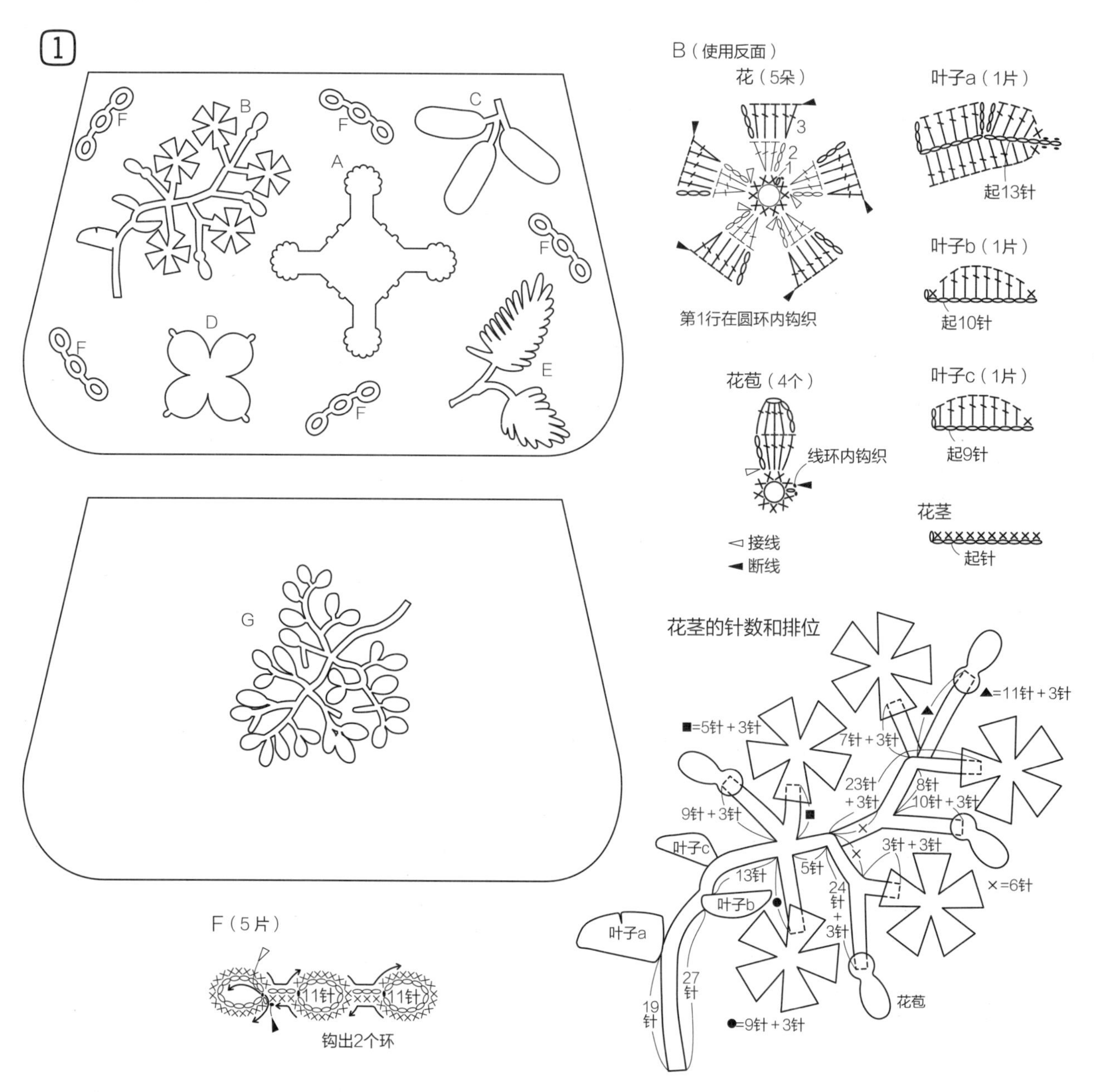

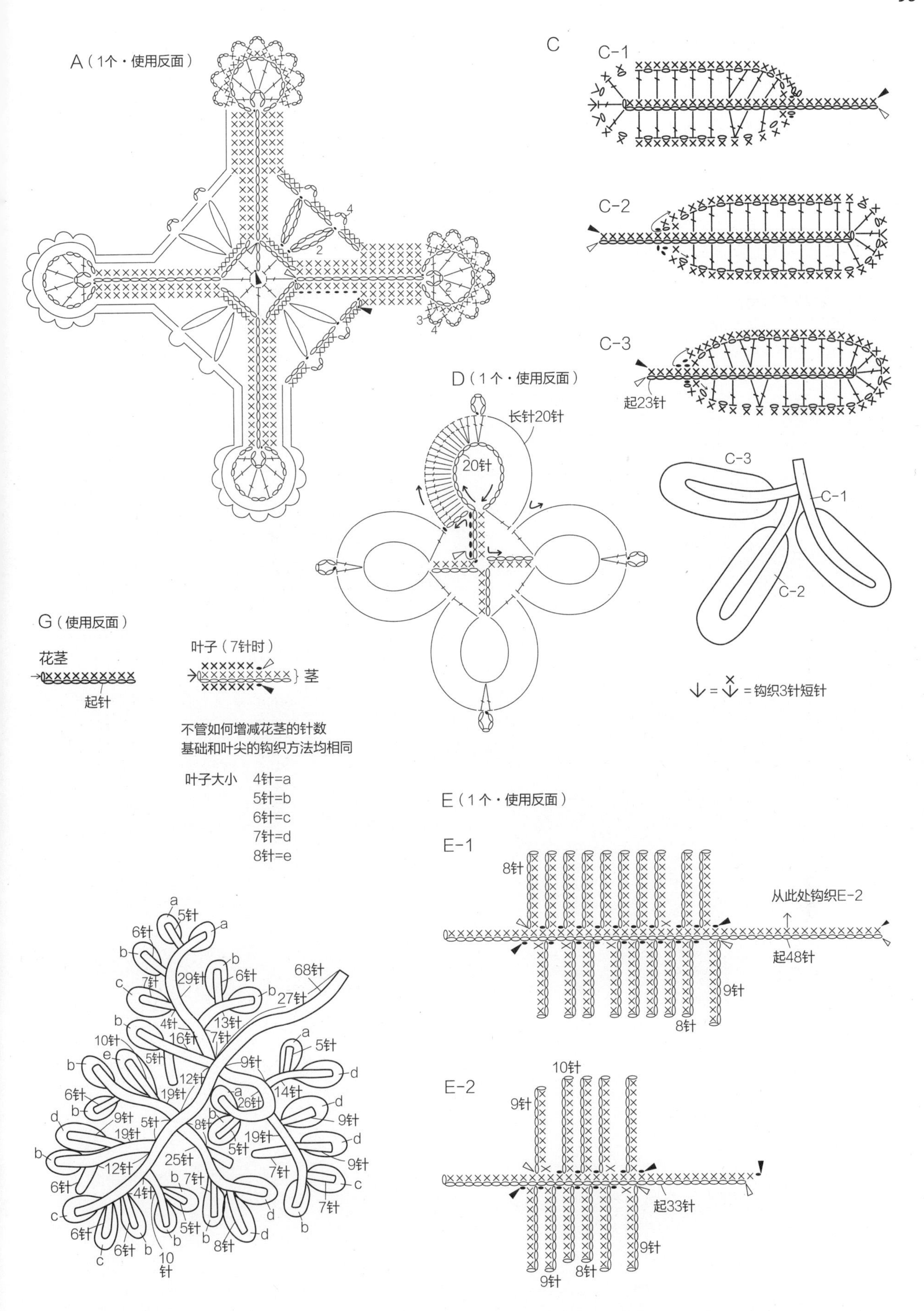
A（1个・使用反面）
C
C-1
C-2
C-3
起23针
D（1个・使用反面）
长针20针
20针
C-3
C-1
C-2
= 钩织3针短针
G（使用反面）
花茎
起针
叶子（7针时）
茎
不管如何增减花茎的针数
基础和叶尖的钩织方法均相同
叶子大小 4针=a
5针=b
6针=c
7针=d
8针=e
E（1个・使用反面）
E-1
8针
从此处钩织E-2
起48针
9针
8针
E-2
10针
9针
起33针
9针
9针
8针
68针
27针
29针
13针
16针
12针
19针
26针
14针
25针
10
针

外袋…表布2片

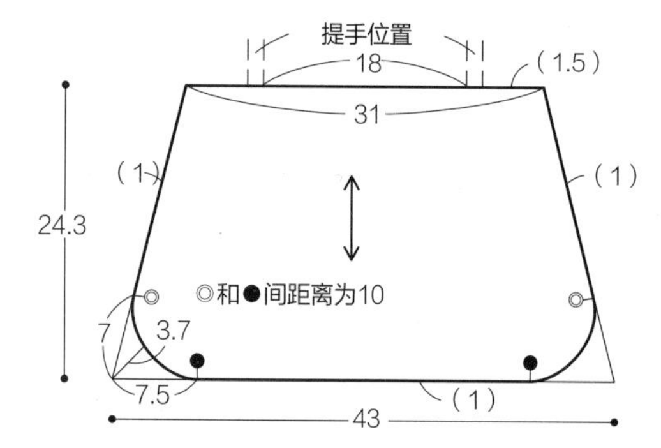

内袋…里布2片 内袋口袋…1个

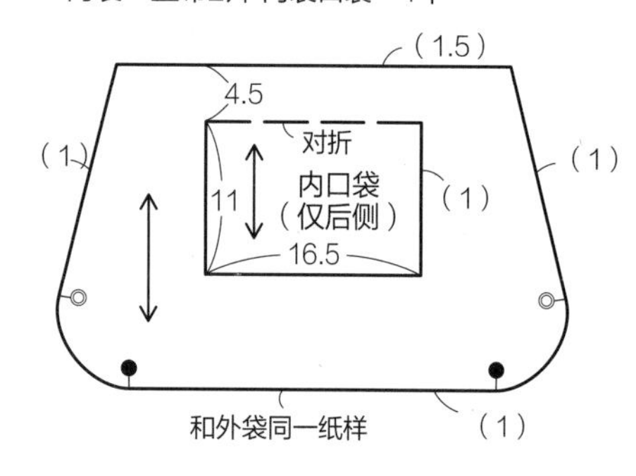

侧边　表布、里布各2片　　提手　表布2片

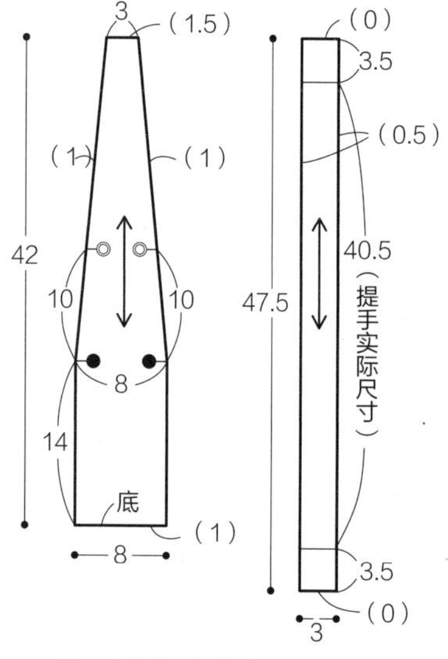

*括号中的数字为缝份尺寸

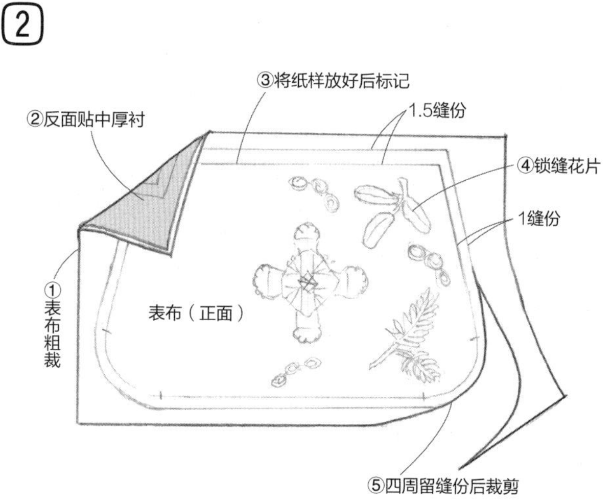

※侧边表布也按①~③、⑤的顺序剪裁

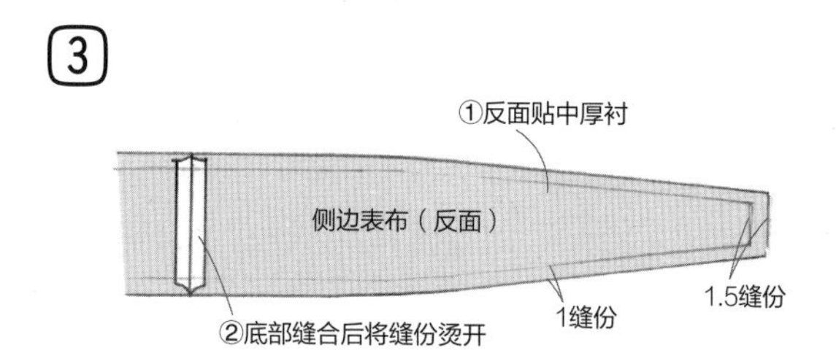

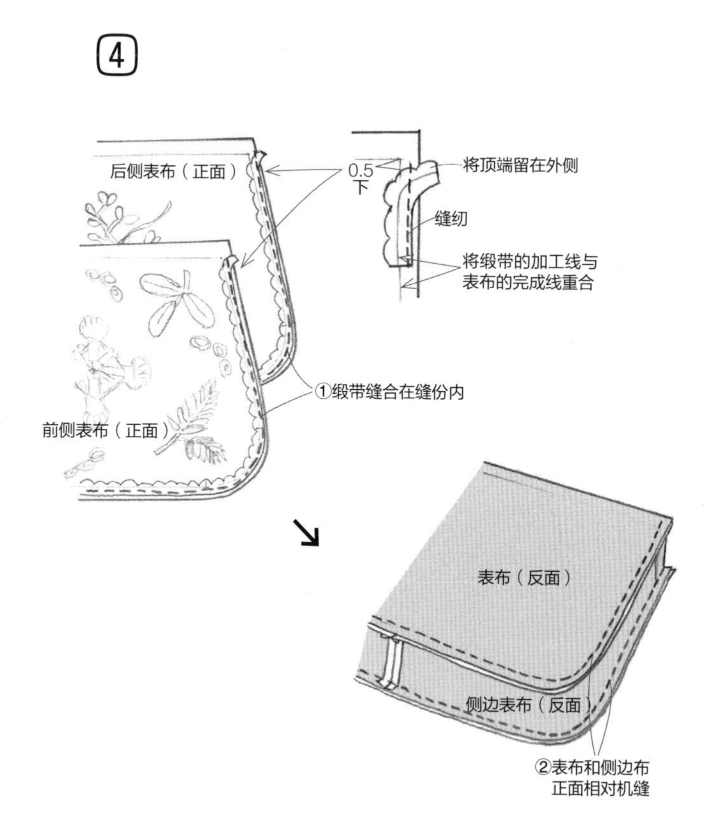

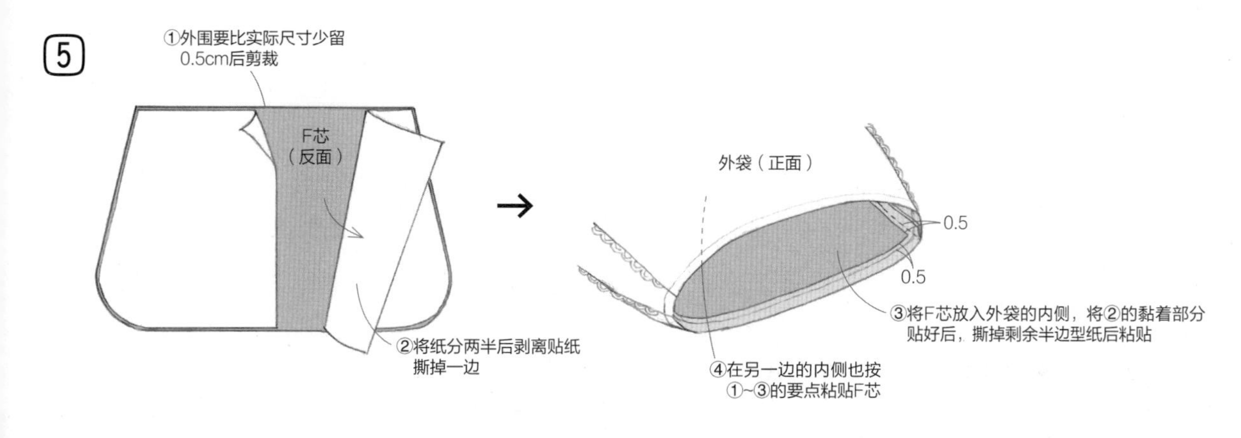
5
①外围要比实际尺寸少留
0.5cm后剪裁
F芯
（反面）
②将纸分两半后剥离贴纸
撕掉一边
外袋（正面）
0.5
0.5
③将F芯放入外袋的内侧，将②的黏着部分
贴好后，撕掉剩余半边型纸后粘贴
④在另一边的内侧也按
①~③的要点粘贴F芯

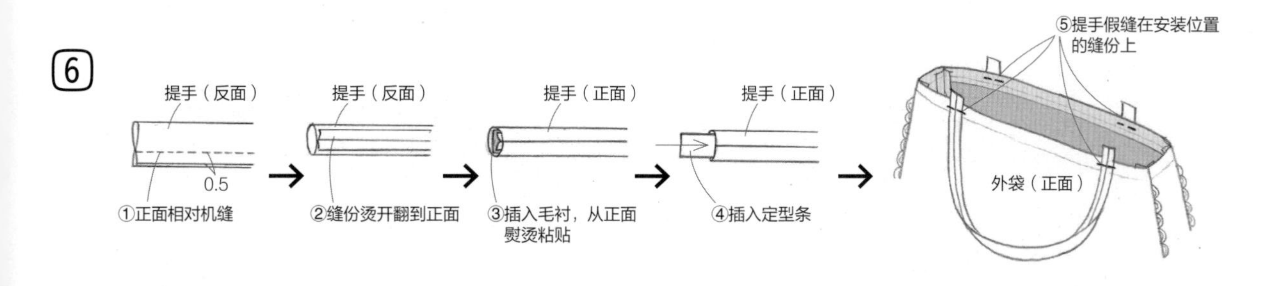
6
提手（反面）
0.5
①正面相对机缝
提手（反面）
②缝份烫开翻到正面
提手（正面）
③插入毛衬，从正面
熨烫粘贴
提手（正面）
④插入定型条
⑤提手假缝在安装位置
的缝份上
外袋（正面）

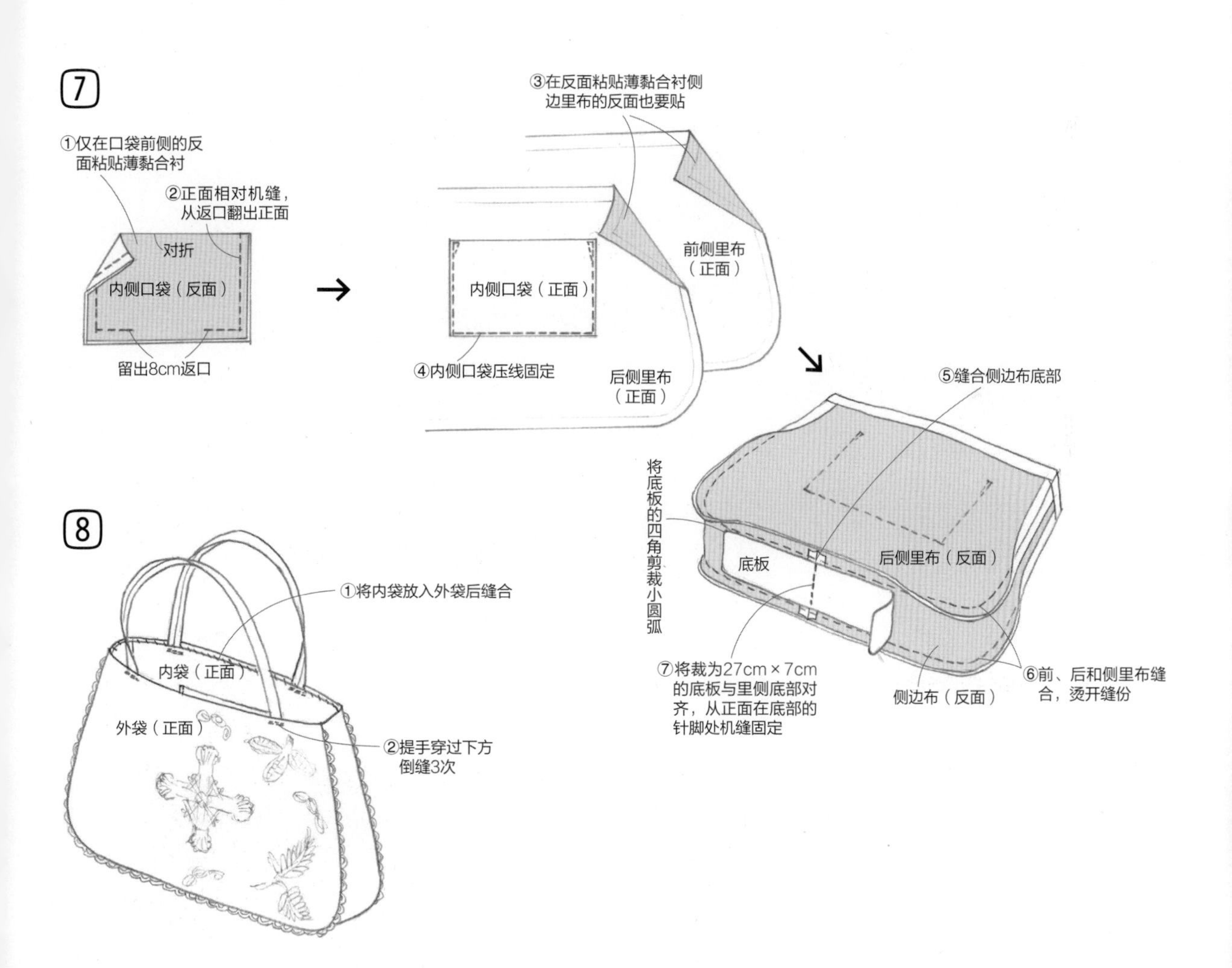
7
①仅在口袋前侧的反
面粘贴薄黏合衬
②正面相对机缝，
从返口翻出正面
对折
内侧口袋（反面）
留出8cm返口
③在反面粘贴薄黏合衬侧
边里布的反面也要贴
内侧口袋（正面）
④内侧口袋压线固定
前侧里布
（正面）
后侧里布
（正面）
⑤缝合侧边布底部
将底板的四角剪裁小圆弧
底板
后侧里布（反面）
⑦将裁为27cm×7cm
的底板与里侧底部对
齐，从正面在底部的
针脚处机缝固定
侧边布（反面）
⑥前、后和侧里布缝
合，烫开缝份
8
①将内袋放入外袋后缝合
内袋（正面）
外袋（正面）
②提手穿过下方
倒缝3次

成品 3 款钩织花样 page 16

1

◎ 材料

［TOSCO］TOSCO苎麻16/3白色、米色、
风筝线3号黑色、原色
［AVRIL］棉麻线（1）、黑色（48）（刺绣用）
底布　米色厚棉布28cm×28cm
厚衬　28cm×28cm

◎ 工具

2号蕾丝针

◎ 制作方法

① 分别用不同颜色的线钩织各配件。
② 在底布反面粘贴黏合衬。
③ 参照图案摆放各配件，将所有织物均反面朝上。
④ 将配件周围用同色系缝纫线以细密地针脚锁缝，从上面开始刺绣。

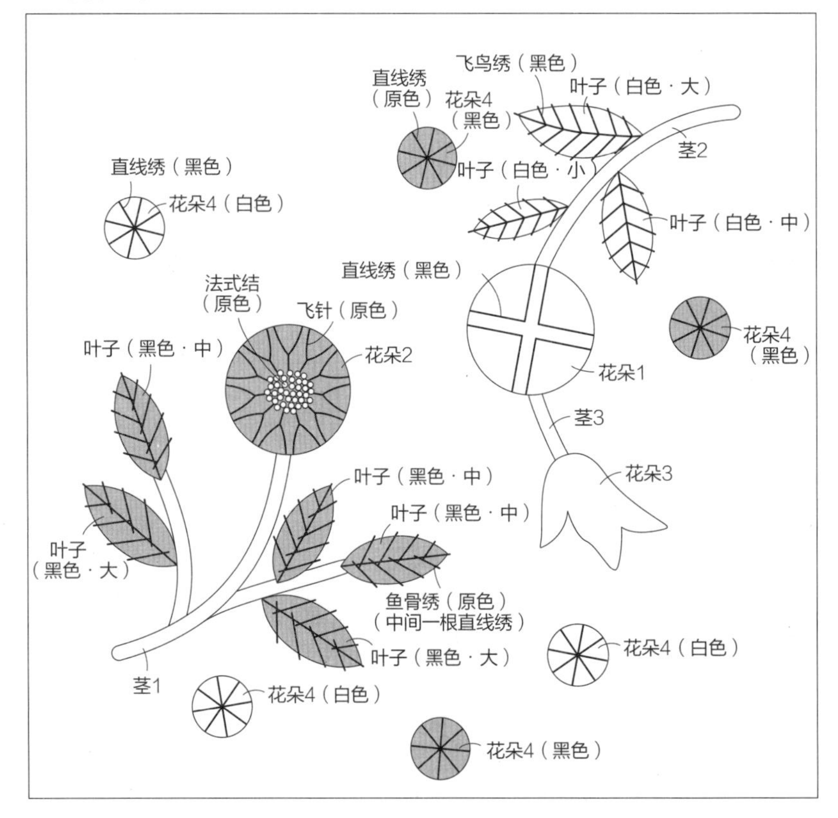

花3（白色）

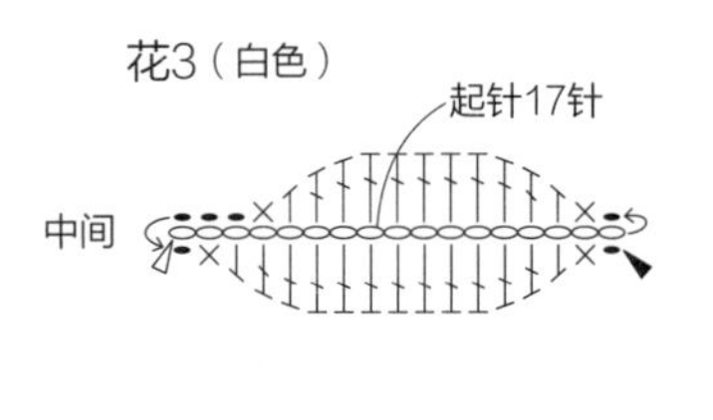

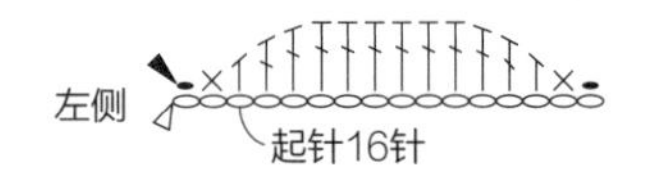

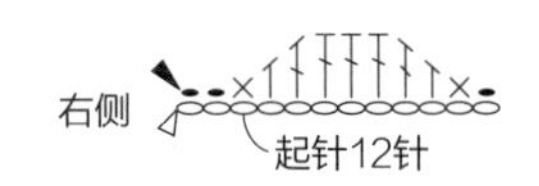

整合花朵3

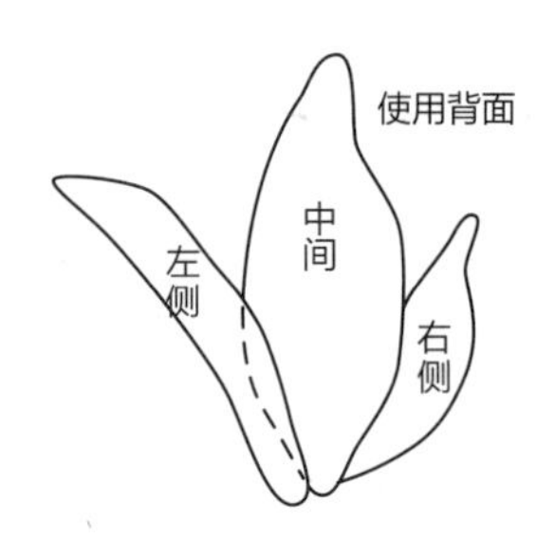

花朵1（白色）
花朵2（黑色）

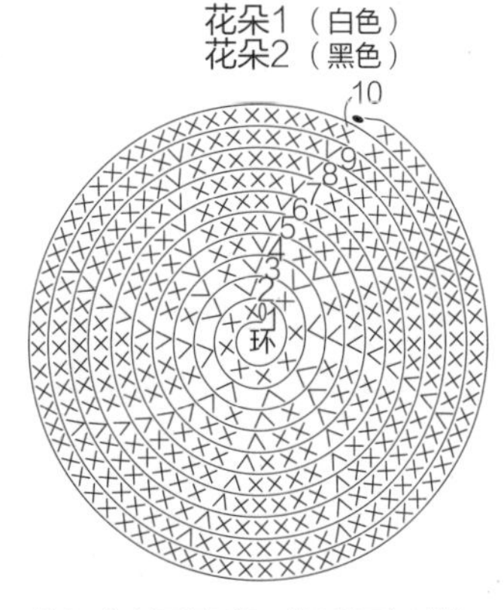

花朵1加针至第7行，第8行无加减针
花朵2加针至第9行，第10行无加减针
第1行在线环内钩织

花朵1

行	针数	
8	56	无加减针
7	56	每行加8针
6	48	
5	40	
4	32	
3	24	
2	16	
1	8	线圈中钩织短针

花朵2

行	针数	
10	72	无加减针
9	72	每行加8针
8	64	
7	56	
6	48	
5	40	
4	32	
3	24	
2	16	
1	8	线圈中钩织短针

∨ = ✕̬ = 1针内钩2个短针

花朵4（白色・3个）
（黑色・3个）

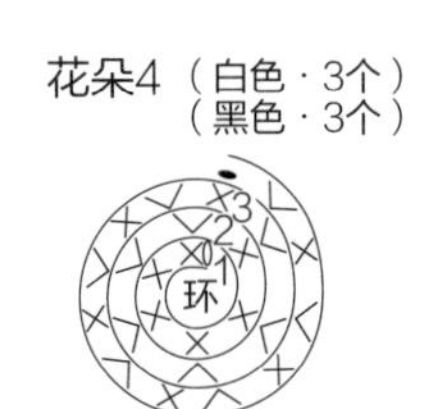

花朵4

行	针数	
3	18	每行加6针
2	12	
1	6	线圈中钩织短针

叶子（白色）

大 起针17针

中 起针13针

小 起针11针

叶子（黑色）

大 2片 起针20针

中 3片 起针18针

花茎

起针

花茎1（米色）

40针
21针
21针
12针
8针

花茎2（白色）

43针

花茎3（白色）

7针

钩织技巧 D［巧用特色线］

成品 **钩织花样** page 18

● 材料

［石井手工］Raffia、［MONDO］马海毛（双股）、［Puppy］Arabis黑色

8mm的圆环13个

● 工具

2号蕾丝针、4/0号钩针（马海毛）

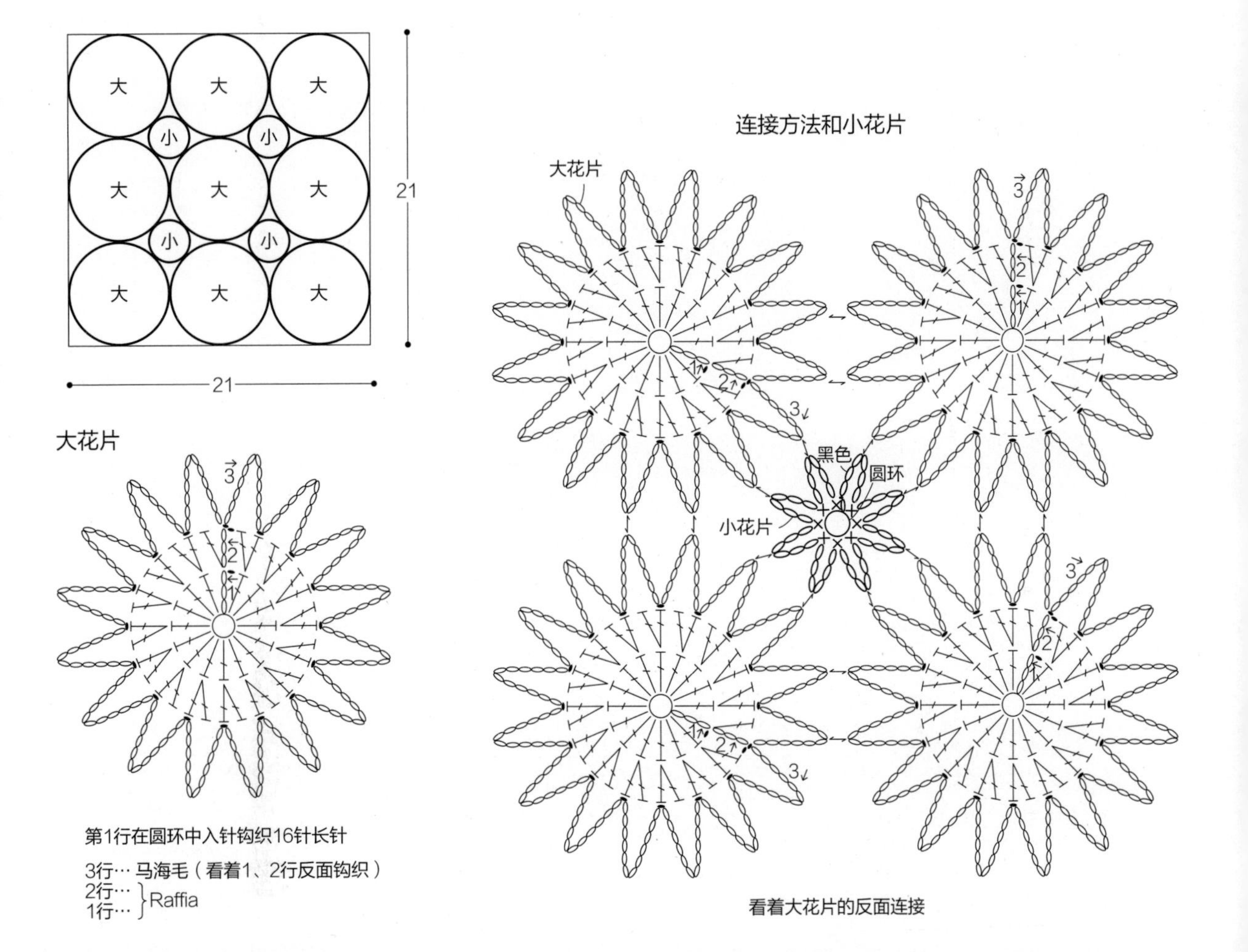

成品 适合寒冬的背包 page 19

材料

［AVRIL］奢华白（00）354g、
聚酯纤维咖啡色（14）、
米色木纹（23）各114g（线材均为单股，用双股线钩织）
15mm的圆环18个
里布　亚麻印花90cm×50cm
里布黏合衬　中厚黏合衬90cm×30cm
里布袋口用黏合衬　硬衬35cm×10cm
［Joint连接］皮提手　60cm长的1根
（JMT-K22焦茶色）
磁扣　1对

工具

7/0号针、聚酯纤维的2根用4/0号钩针

制作方法

① 钩织花片后连接在一起制作外袋。
② 制作内袋。
③ 将外袋和内袋组合。
④ 安装提手后完成。提手上开孔，用胶水粘贴，再用白线缝合。

①

连接花片（2个）

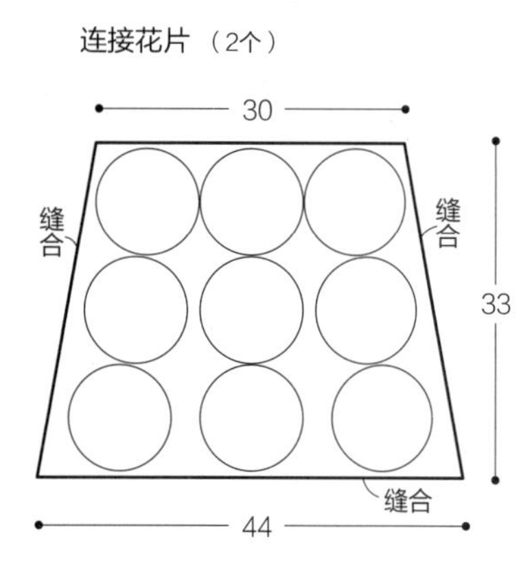

花片（白色）

第1行在圆环中入针钩织

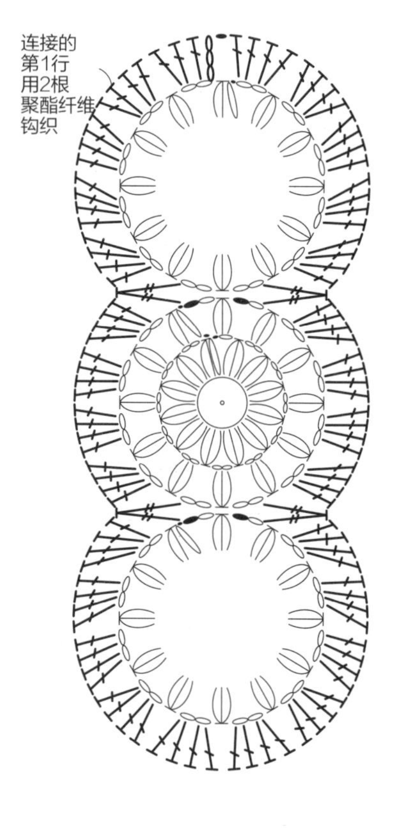

浅咖啡色缝合

连接的第2行（取2根聚酯纤维）

内袋…里布2片　内侧口袋…1片

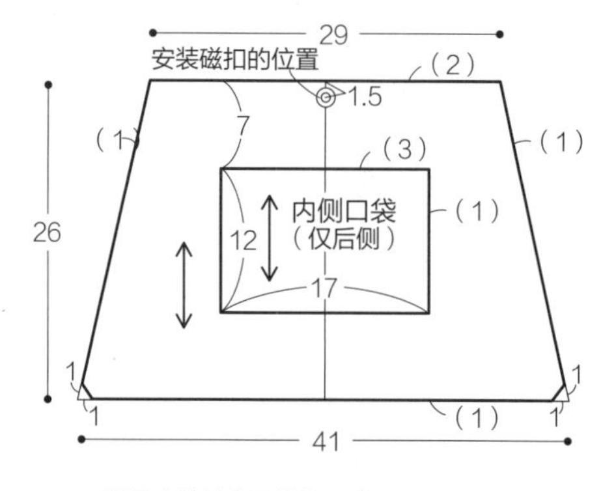

★括号中的数字是缝份尺寸

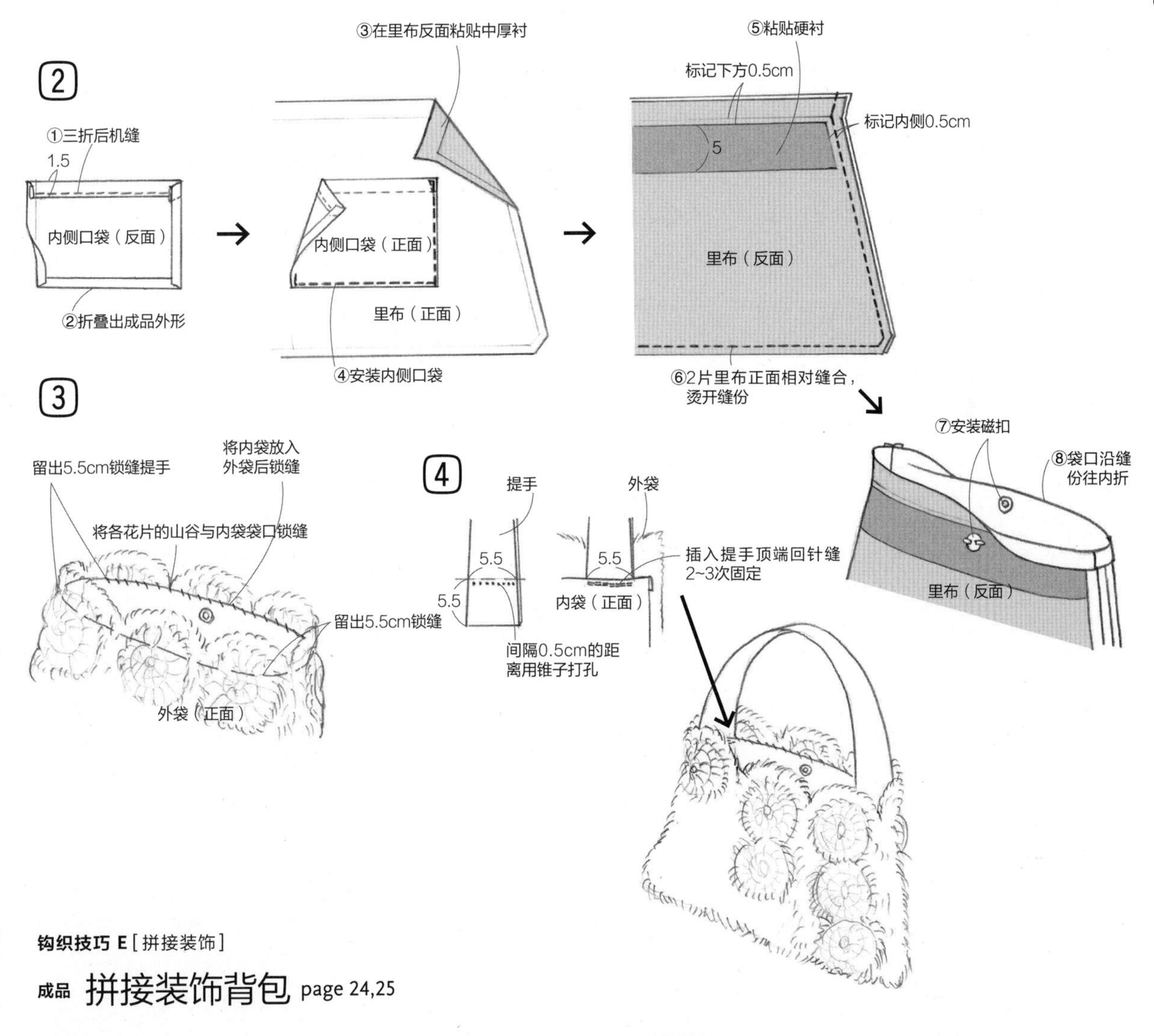

钩织技巧 E［拼接装饰］

成品 拼接装饰背包 page 24,25

材料

［AVRIL］棉质摩卡色（51）、藏青色（50）、
蓝色（109）、黄绿色（105）、白色（0）各25g、
深灰色（14）20g
8mm圆环24个
表布　麻布60cm×45cm
拼布　棉麻80cm×30cm
里布　印花棉布80cm×40cm
表布用黏合衬　中厚黏合衬60cm×45cm
表布用黏合衬　毛衬27cm×4cm　2片
气眼用黏合衬　定型板5cm×4cm　4片
里布黏合衬　薄黏合衬80cm×40cm
气眼　外径2.7cm　4个
暗扣　直径2cm的2对
提手　1cm宽的扁环链90cm长，
直径2cm的圆环1个

工具

3/0号钩针

制作方法

1. 钩织花片A、B、C各8片，再分别拼缝。
2. 制作口袋。
3. 将口袋假缝在表布上，制作外袋。
4. 制作内袋。
5. 缝合内袋和外袋。
6. 安装气眼，穿过链条提手。

花片

第1行在圆环内入针
1~5行参见配色图更换颜色
适当更换开始钩织的位置
第6行用深灰色（通用）

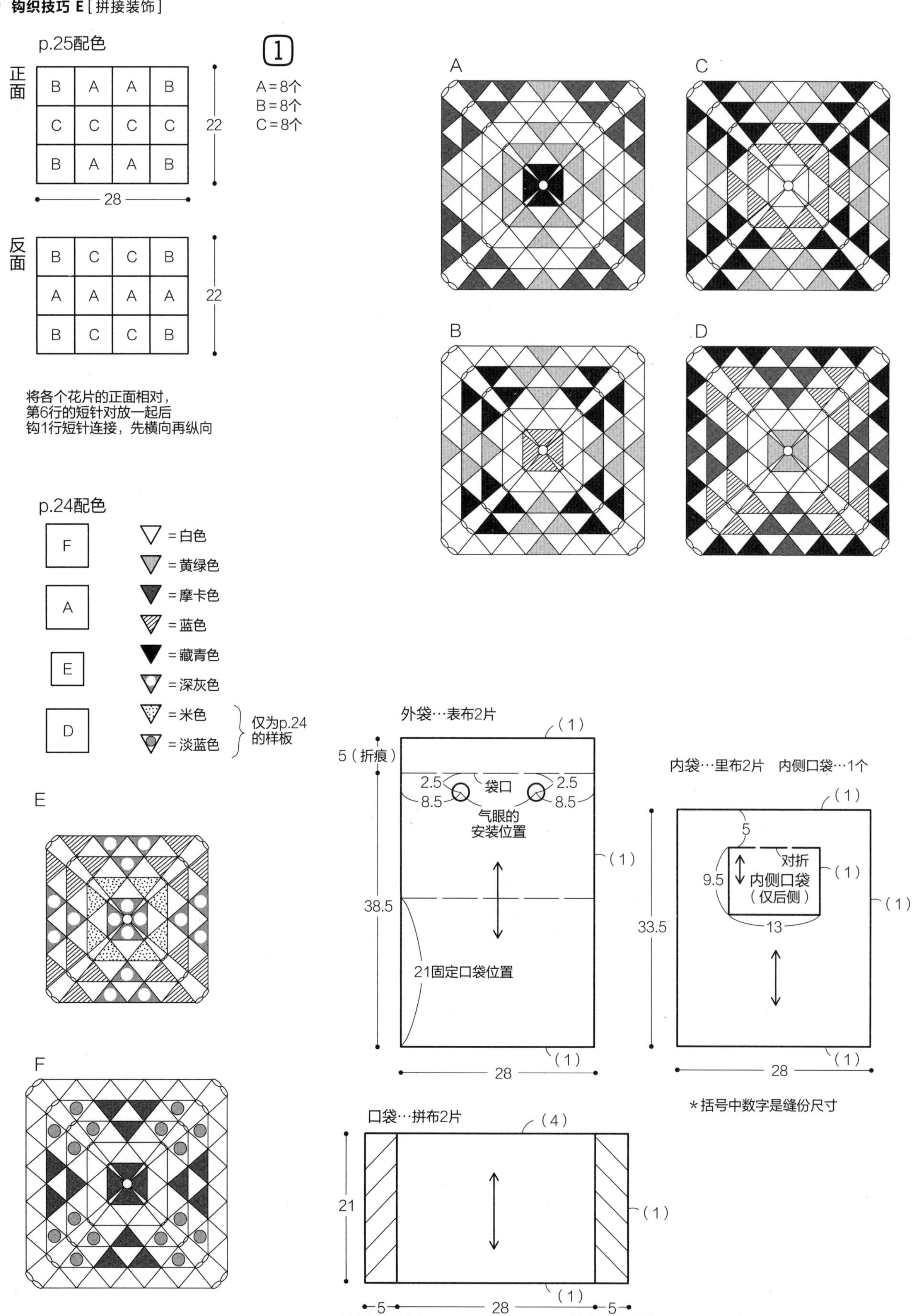

p.25配色
正面
B A A B
C C C C
B A A B
22
28
1
A＝8个
B＝8个
C＝8个
反面
B C C B
A A A A
B C C B
22
将各个花片的正面相对，
第6行的短针对放一起后
钩1行短针连接，先横向再纵向
p.24配色
F
A
E
D
＝白色
＝黄绿色
＝摩卡色
＝蓝色
＝藏青色
＝深灰色
＝米色
＝淡蓝色
仅为p.24
的样板
A
C
B
D
E
F
外袋…表布2片
5（折痕）
（1）
2.5
8.5
袋口
气眼的
安装位置
38.5
21固定口袋位置
28
内袋…里布2片 内侧口袋…1个
5
9.5
对折
内侧口袋
（仅后侧）
13
33.5
28
＊括号中数字是缝份尺寸
口袋…拼布2片
（4）
21
5
（侧边布部分）

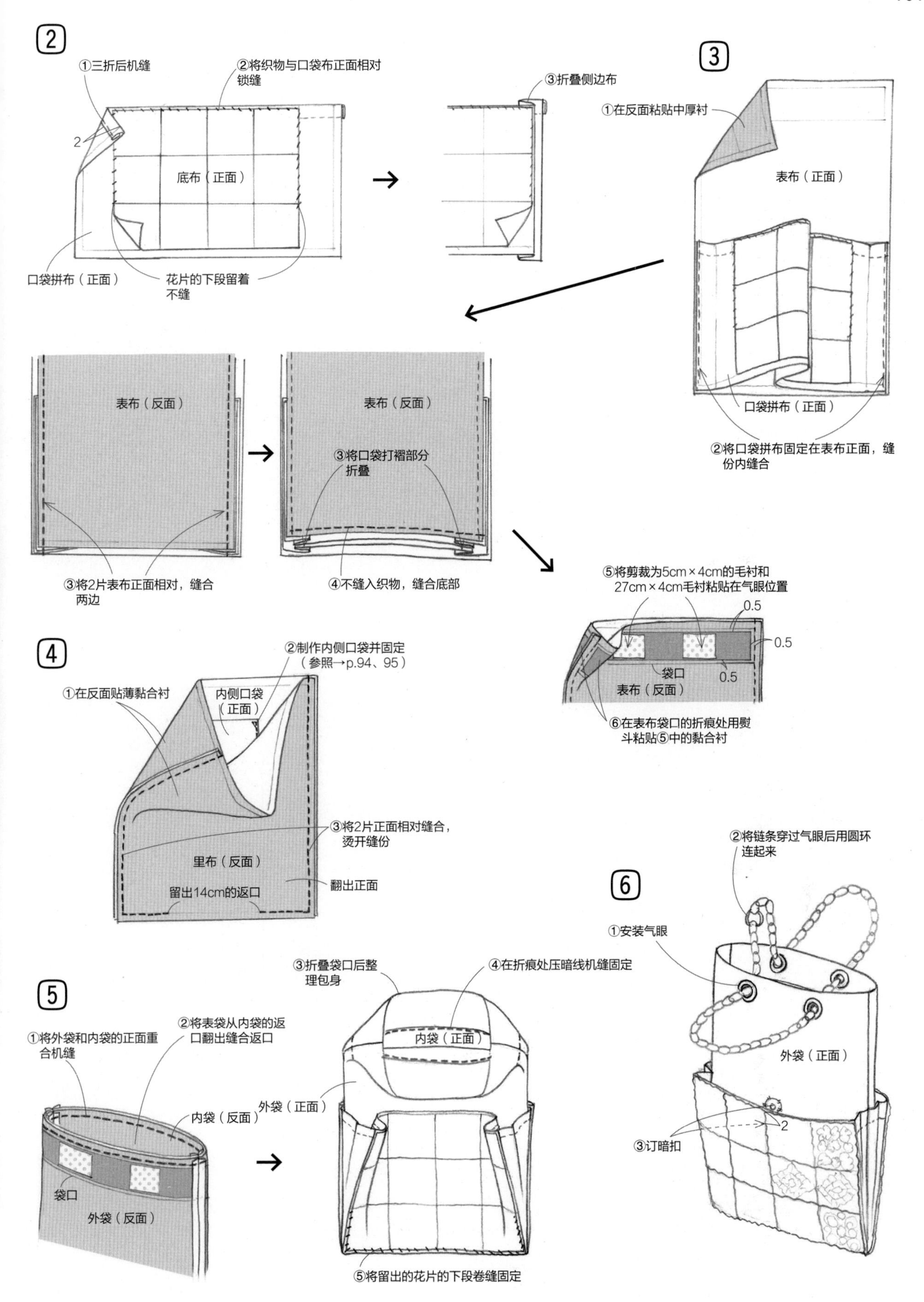
2
①三折后机缝
②将织物与口袋布正面相对锁缝
2
底布（正面）
口袋拼布（正面）
花片的下段留着不缝
③折叠侧边布
3
①在反面粘贴中厚衬
表布（正面）
口袋拼布（正面）
②将口袋拼布固定在表布正面，缝份内缝合
表布（反面）
③将2片表布正面相对，缝合两边
表布（反面）
③将口袋打褶部分折叠
④不缝入织物，缝合底部
⑤将剪裁为5cm×4cm的毛衬和27cm×4cm毛衬粘贴在气眼位置
0.5
0.5
袋口
0.5
表布（反面）
⑥在表布袋口的折痕处用熨斗粘贴⑤中的黏合衬
4
①在反面贴薄黏合衬
②制作内侧口袋并固定（参照→p.94、95）
内侧口袋（正面）
③将2片正面相对缝合，烫开缝份
里布（反面）
留出14cm的返口
翻出正面
5
①将外袋和内袋的正面重合机缝
②将表袋从内袋的返口翻出缝合返口
内袋（反面）
袋口
外袋（反面）
③折叠袋口后整理包身
④在折痕处压暗线机缝固定
内袋（正面）
外袋（正面）
⑤将留出的花片的下段卷缝固定
6
②将链条穿过气眼后用圆环连起来
①安装气眼
外袋（正面）
③订暗扣
2

成品 卵石花样背包 page 20,21

● 材料

p.20 [町田丝店] White Lane线16/9

p.21 [町田丝店] White Lane线16/9　320g、
[keito] point five（137）160g

里布　罗缎棉90cm × 30cm

里布黏合衬　中厚黏合衬 90cm × 30cm

里布袋口用黏合衬　包用硬内衬（COLLABIAN）
35cm × 15cm

[Joint] 提手　2cm宽的皮包带 60cm长2根
（JTM-K7黄褐色）

● 工具

4/0号、2/0号钩针

● 制作方法

① 钩织外袋。钩织短针完后，用point five线从袋子下侧用2/0号钩针引拔钩织。

② 制作内袋。

③ 组合外袋和内袋。

④ 安装提手。

钩织饰环的方法
（2/0号）

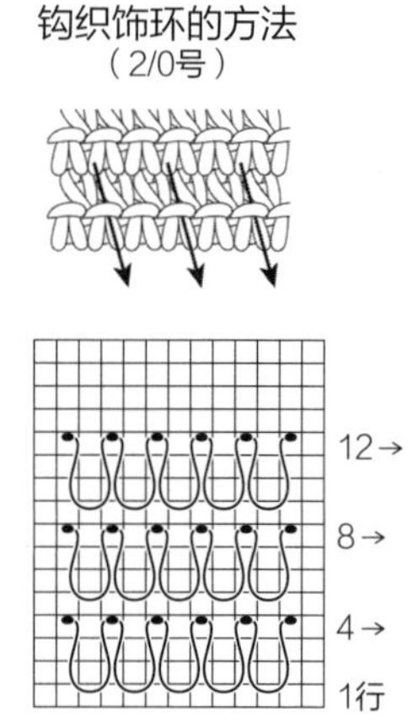

用point five线隔4行大约每隔1针入针，边钩引拔针边钩织饰环

p.20（示范包样）

46（102针）
短针钩织　（4/0号）
31（68针）
21（48行）
5（12行）
20（44针）
起针60针

① p.21

57（126针）
短针钩织　（4/0号）
38（80针）
21（48行）
5（12行）
25（56针）
起针72针

※p.21的作品是在p.20示范包的半宽幅上加6针后的大小。其他行数和加减针相同

内袋…里布2片　内侧口袋…1片

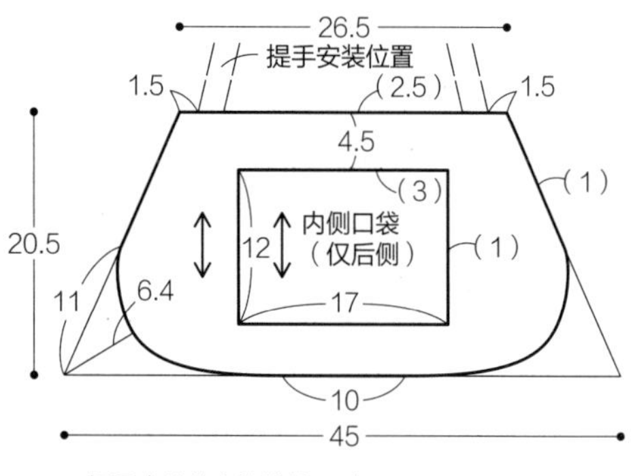

★括号中的数字为缝份尺寸

②

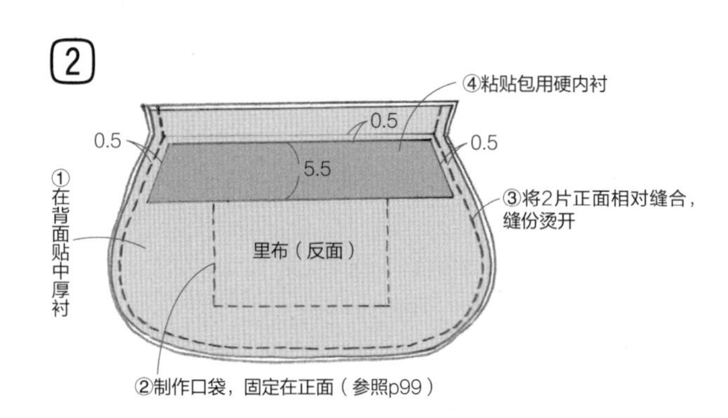

③

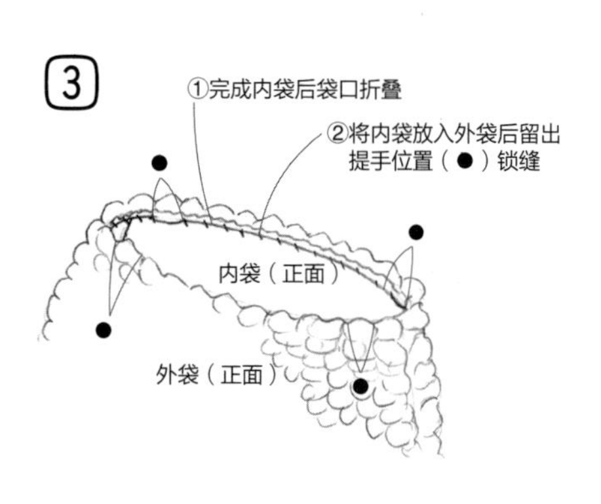

④

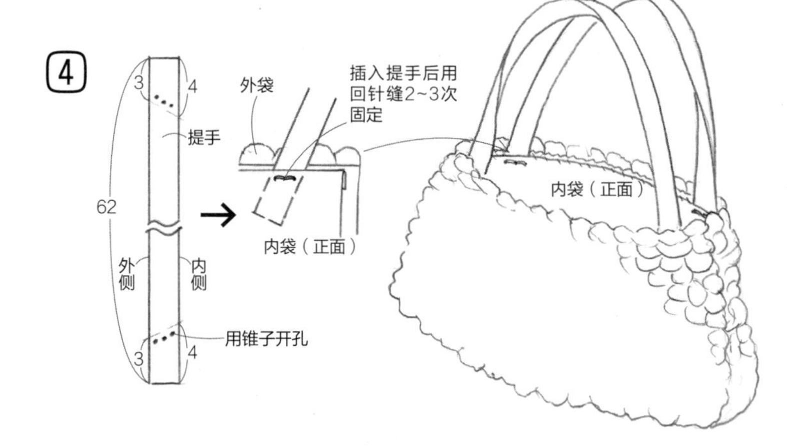

p.20（示范包）的钩织方法

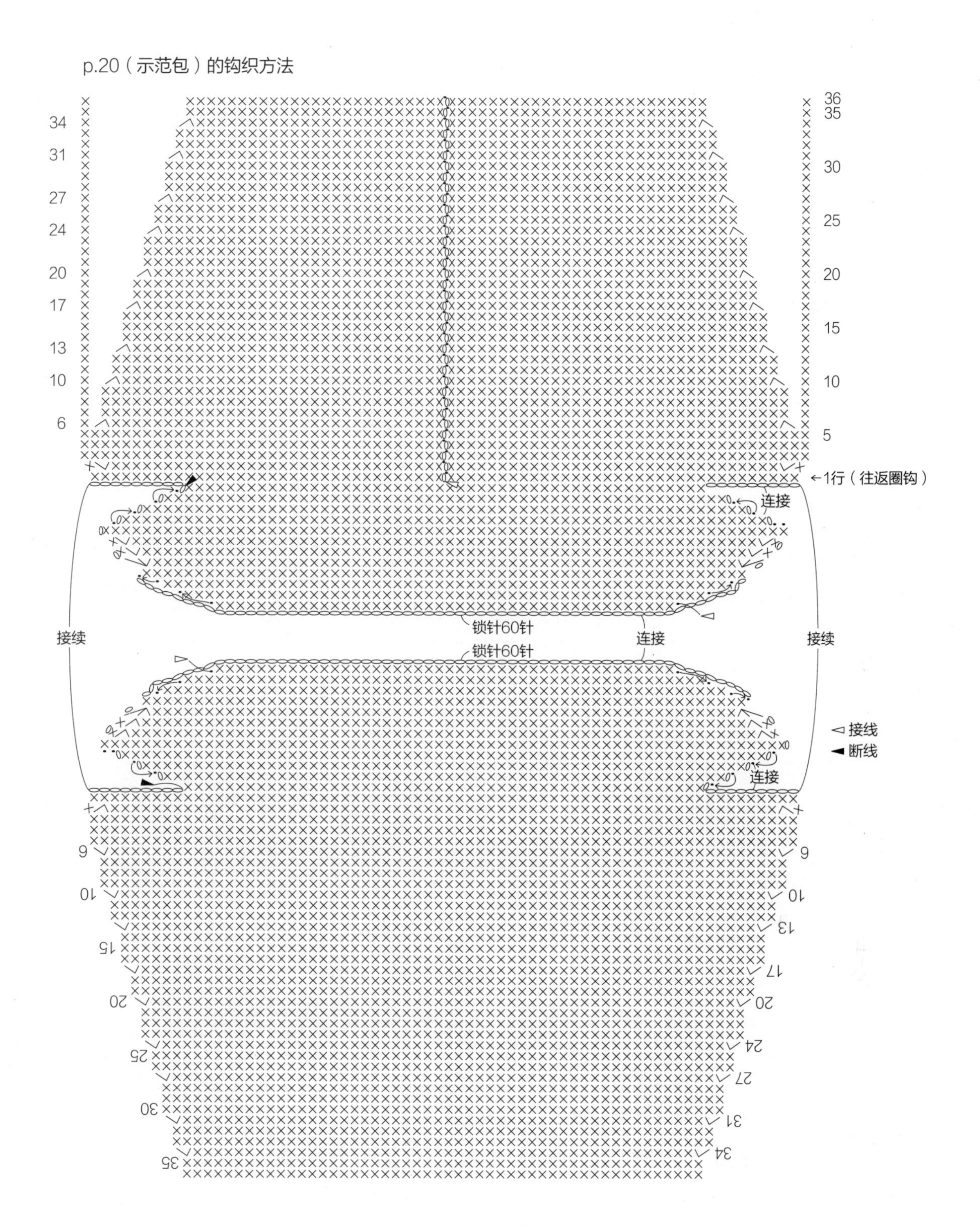

成品 迷彩背包 page 22,23

● 材料

［町田丝店］White Lane线16/9　180g
［keito］斯拉夫穗头线黑色和绿色各15g
表布　罗缎棉50cm×35cm
里布　印花棉布65cm×35cm
表布、里布黏合衬　薄黏合衬65cm×70cm
表布袋口用黏合衬　毛衬22cm×5cm 2片
［joint］提手　1cm宽的皮包带 长40cm 2根
（JTM-K14黑色）

● 工具

4/0号钩针、2号蕾丝针

● 制作方法

① 钩织2片外袋，侧边、底部缝合，钩织粗仿流苏线。
② 缝合内袋表布。
③ 缝合内袋里布。
④ 在表布袋口粘贴黏合衬。
⑤ 缝合表布和里布，制作内袋。
⑥ 组合外袋和内袋。
⑦ 安装提手后完成。

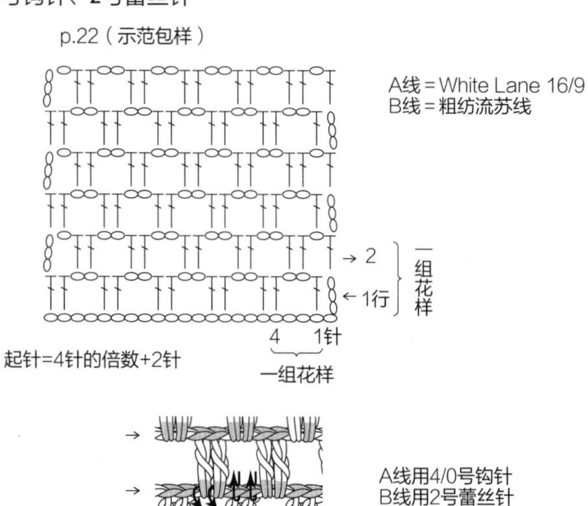

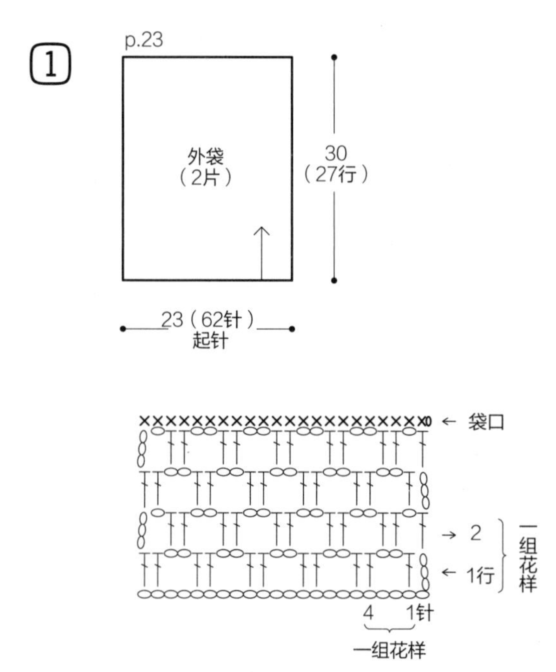

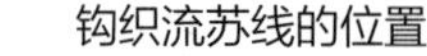

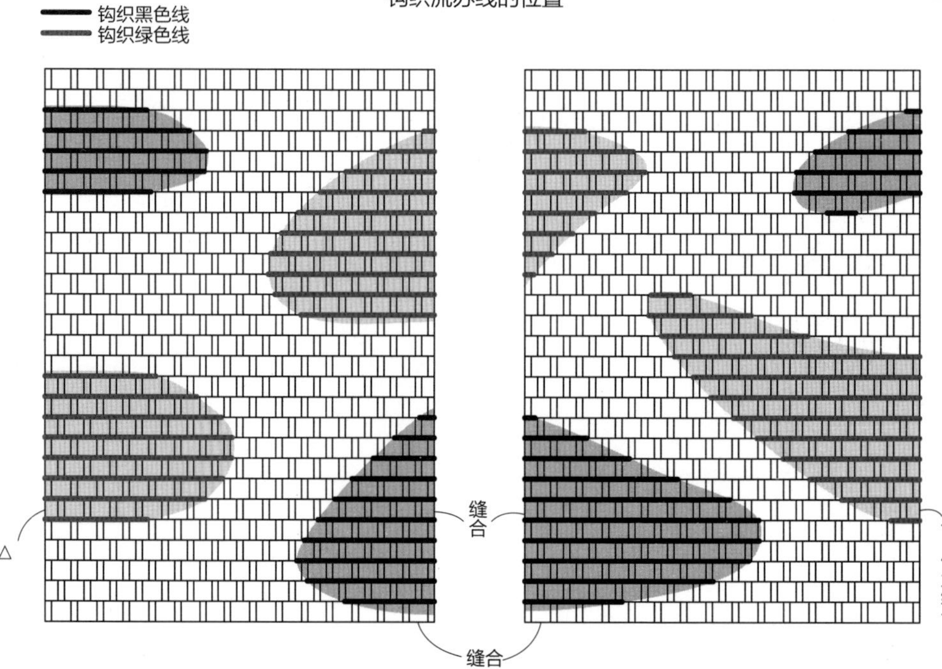

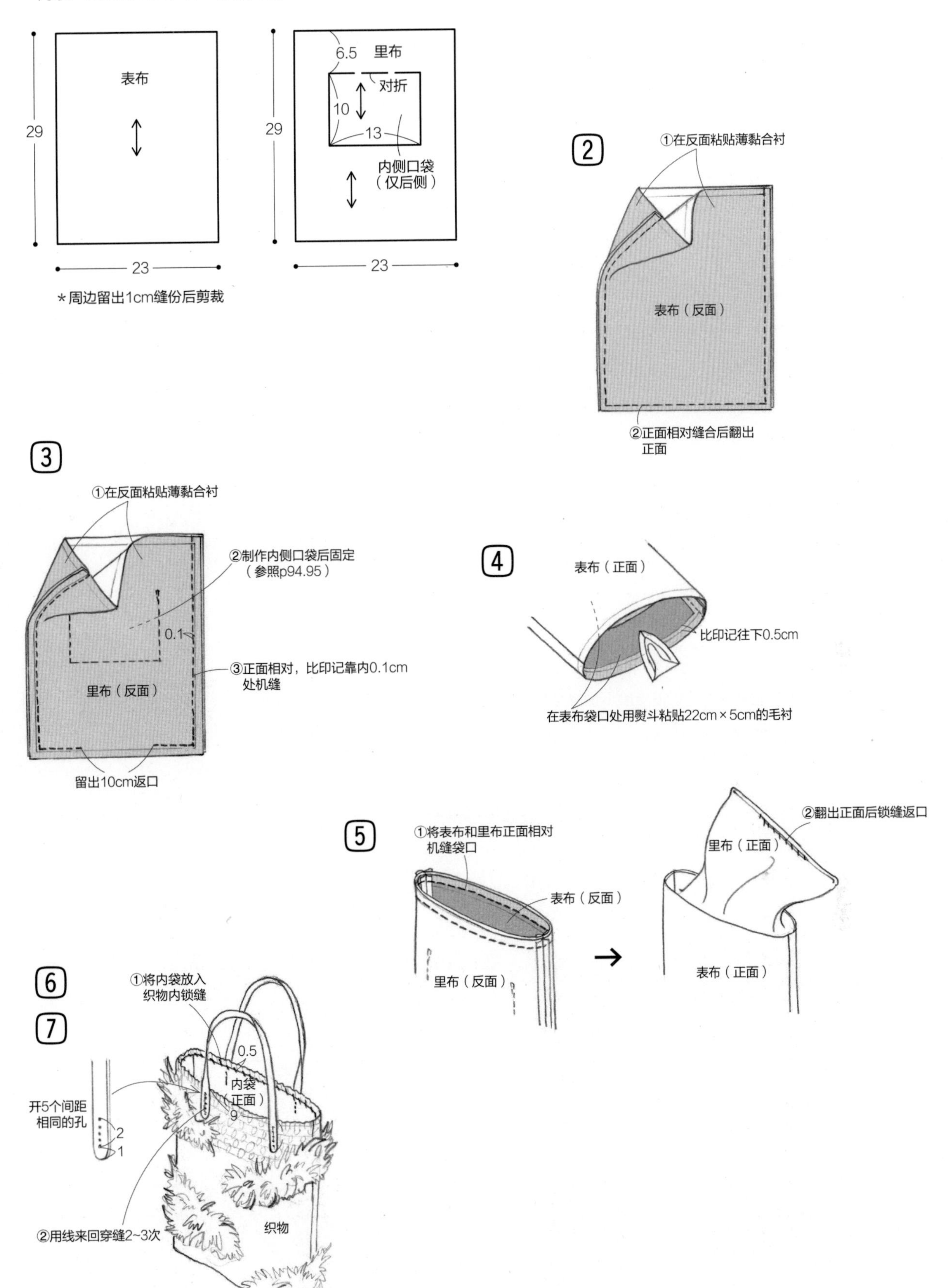

内袋…表布2片、里布2片　内侧口袋…1片
表布
29
23
6.5
里布
对折
10
13
内侧口袋
（仅后侧）
29
23
＊周边留出1cm缝份后剪裁
2
①在反面粘贴薄黏合衬
表布（反面）
②正面相对缝合后翻出
正面
3
①在反面粘贴薄黏合衬
②制作内侧口袋后固定
（参照p94.95）
0.1
③正面相对，比印记靠内0.1cm
处机缝
里布（反面）
留出10cm返口
4
表布（正面）
比印记往下0.5cm
在表布袋口处用熨斗粘贴22cm×5cm的毛衬
5
①将表布和里布正面相对
机缝袋口
表布（反面）
里布（反面）
②翻出正面后锁缝返口
里布（正面）
表布（正面）
6
7
①将内袋放入
织物内锁缝
0.5
内袋
（正面）
9
开5个间距
相同的孔
2
1
②用线来回穿缝2~3次
织物

成品 3 款钩织花样 page 26,27

1

● 材料

各色羊毛刺绣线、各色［AIKASHA］刺绣用马海毛（配色参照附表）、真丝棉线

8mm塑料圆环9个

● 工具

2/0号钩针

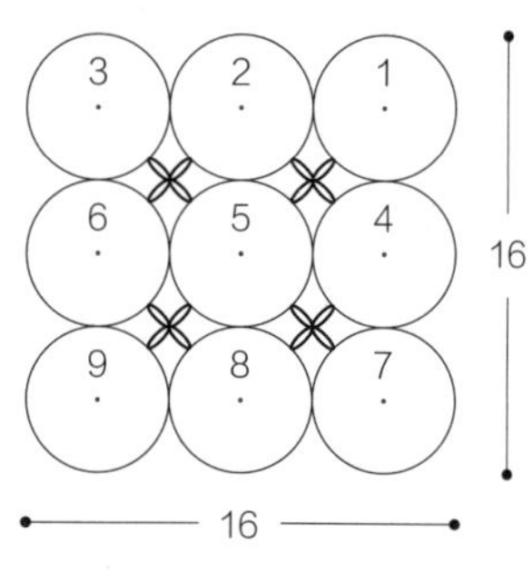

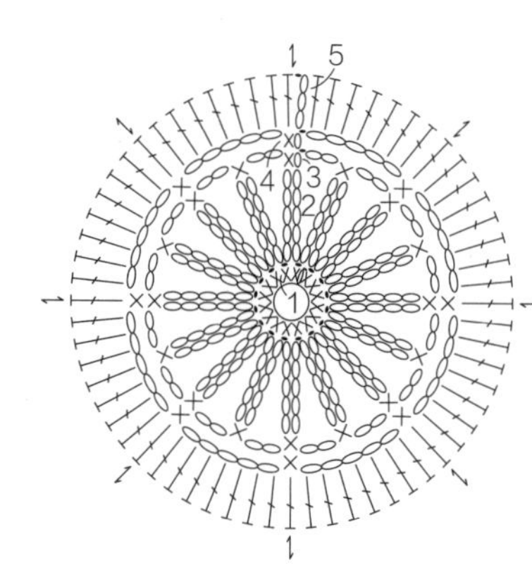

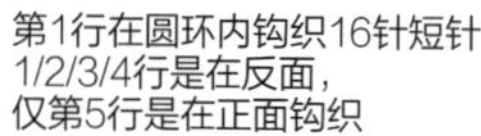
第1行在圆环内钩织16针短针
1/2/3/4行是在反面，
仅第5行是在正面钩织

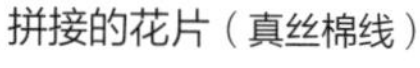
拼接的花片（真丝棉线）

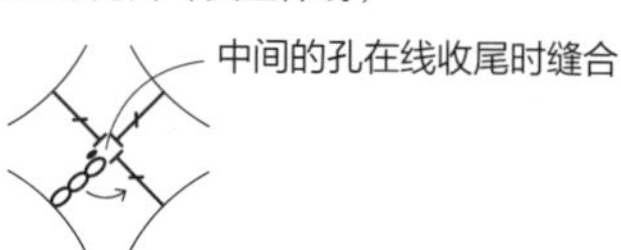

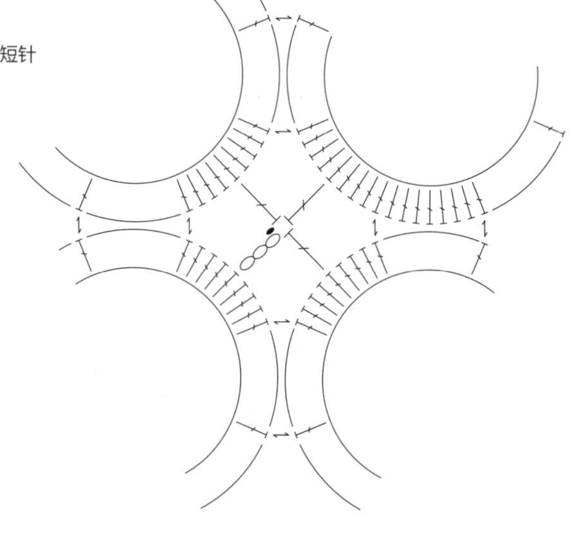

配色

1~4行　羊毛刺绣线　双股
5行　刺绣用马海毛　双股

	1行	2行	3、4行	5行
1	焦茶色	淡蓝色+苔藓绿	焦茶色	抹茶色
2	深绿色	红色+橙色	焦茶色	青绿色
3	赭色	淡蓝色+深绿色	焦茶色	橙色
4	焦茶色	淡蓝色+米色	焦茶色	蓝色
5	黄褐色	紫色+焦茶色	焦茶色	草绿色
6	青绿色	黄色＋焦茶色	焦茶色	米色
7	金黄色	焦茶色+橙色	焦茶色	砖红色
8	苔藓绿	酒红色	焦茶色	焦茶色
9	苔藓绿	淡蓝色+蓝色	焦茶色	深绿色

3

● 材料

［richmore］真丝棉线原色36g、米黄色10g、

［hobbyra hobbyre］wool shape红色7g

8mm塑料圆环23个

● 工具

2/0号钩针

花片

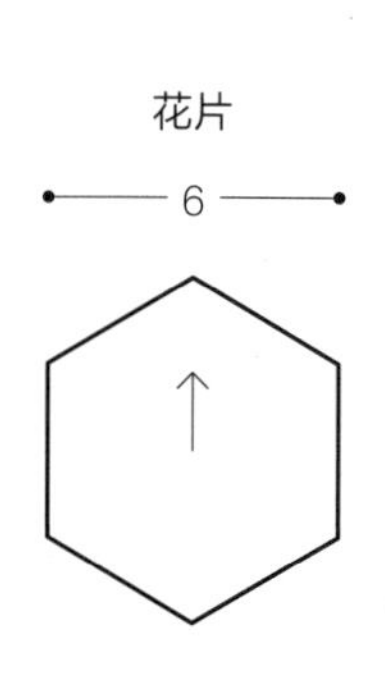

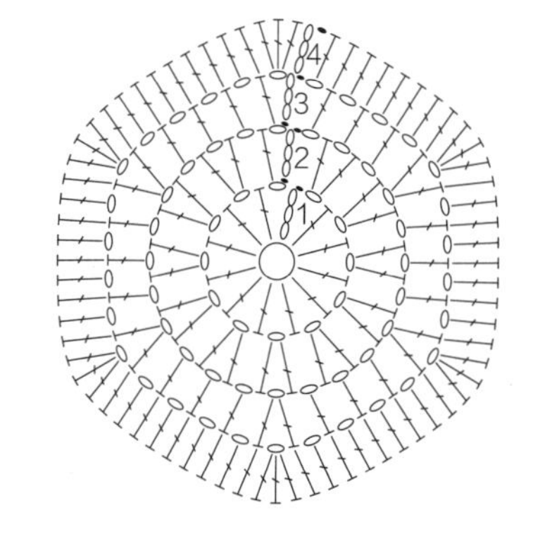

第1行在圆环内入针

拼接方法

将各个花样的第4行对齐
用原色线卷缝

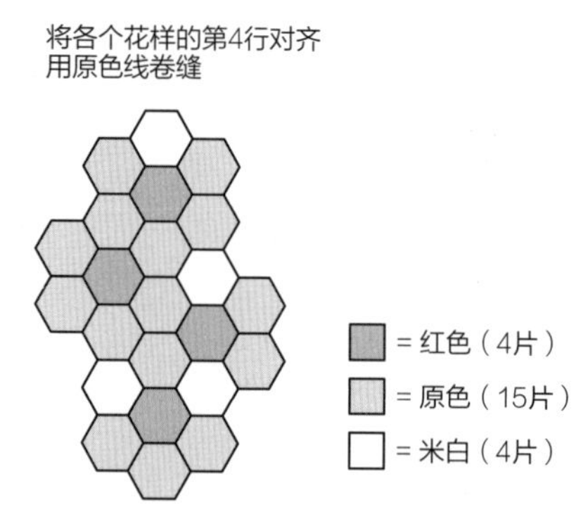

2

材料

［DMC］5号刺绣线各种色号（色号参照附表）
8mm塑料圆环6个

工具

2/0号钩针

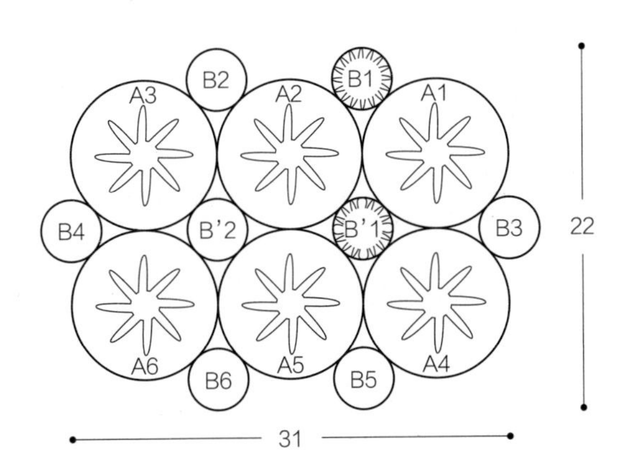

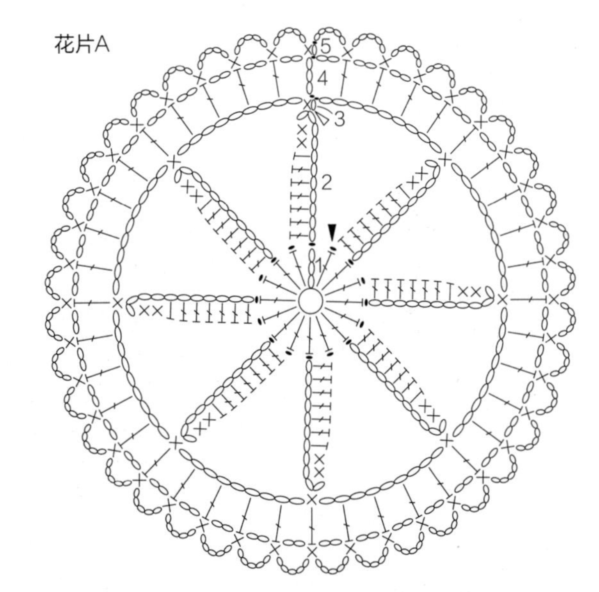

第1行在环内钩织16针长针

配色

花片	1、2行	3~5行
A1	3032	814
A2	334	3021
A3	734	522
A4	732	738
A5	3831	520
A6	815	436
B1	ECRU	
B2	3328	
B3	367	
B4	3803	
B5	3768	
B6	3053 or 3348	
B'1	922	
B'2	333	

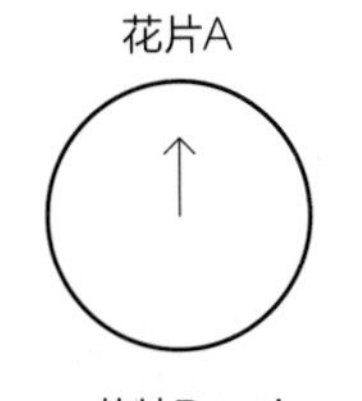

花片的连接位置

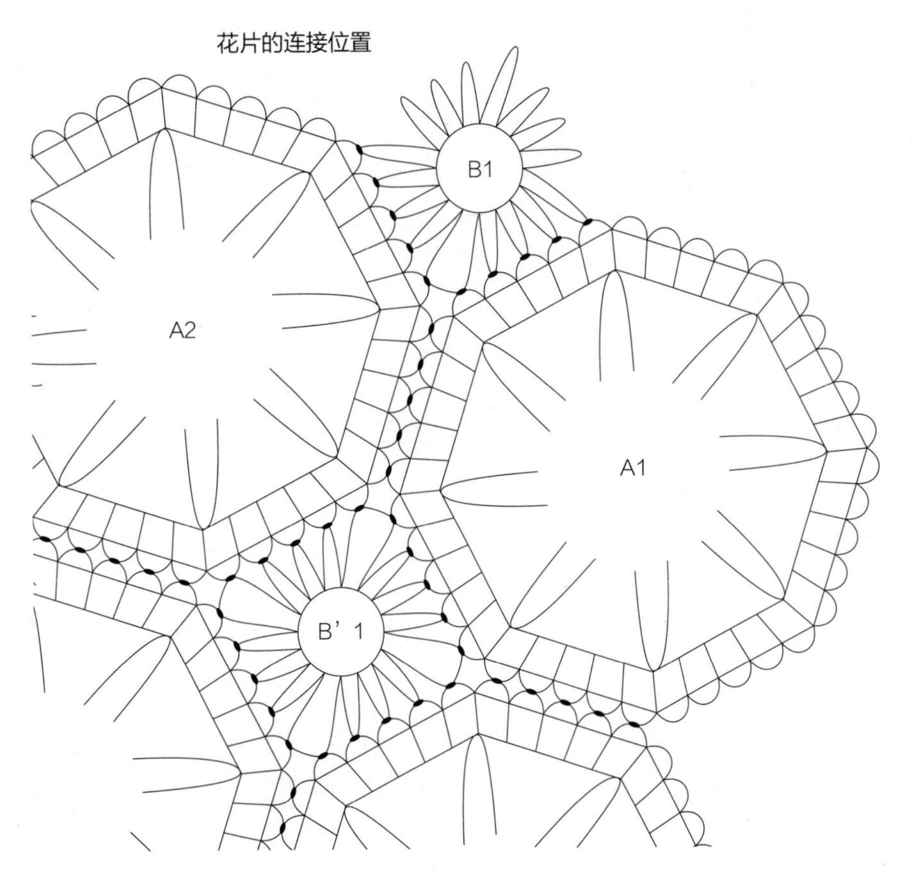

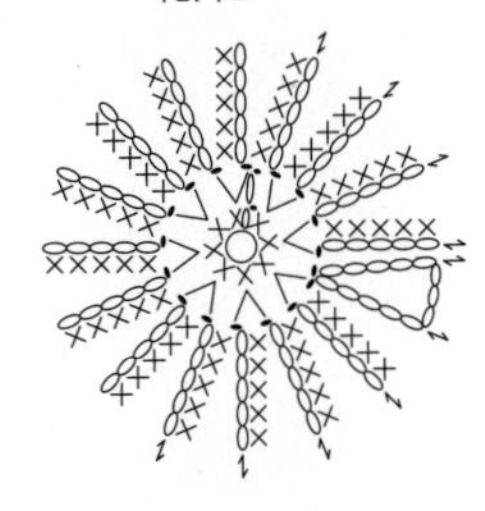

= 连接花片的位置
= 一针内钩织2针短针
第1行环状起针后钩织8针短针

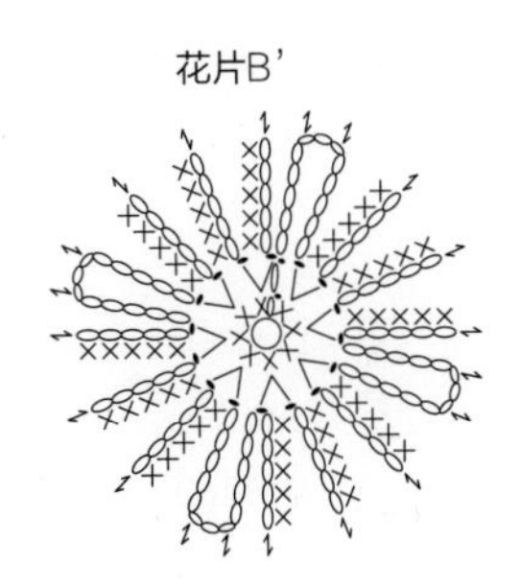

成品 串珠装饰背包 page 28,29

● 材料

［TOSCO］腊麻线16/5金茶色（39）400g、2mm串珠约6600个

8mm塑料圆环356个

里布　素色棉布60cm×40cm

拼布　素色棉布35cm×25cm

里布侧部用黏合衬　少量薄黏合衬

口金　21cm×7cm的1个

圆环　直径1.4cm的4个

底板　定型板18.2cm×8.7cm 1个

提手　定型条1.2cm宽 1根 42cm

● 工具

2/0号钩针

● 制作方法

① 钩织外袋。
② 制作内袋。
③ 固定底板。
④ 将外袋和内袋缝合。
⑤ 安装口金（参照p132）。
⑥ 安装提手后完成。

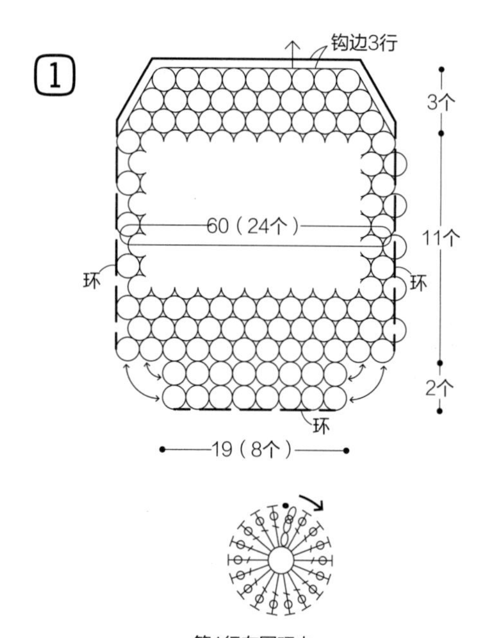

第1行在圆环内
钩织18针长针

※拼接方法参照别图

拼接方法

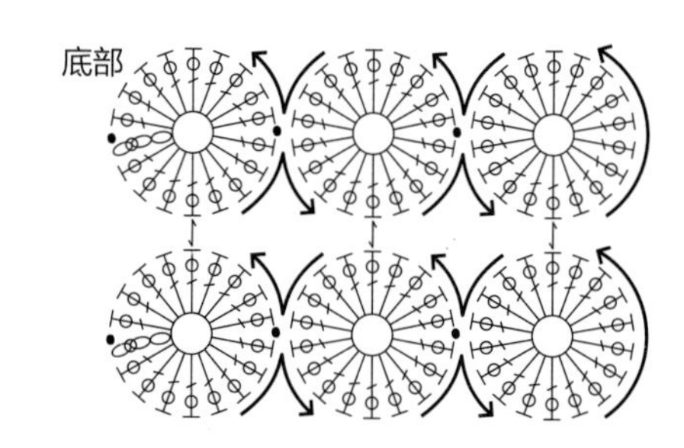

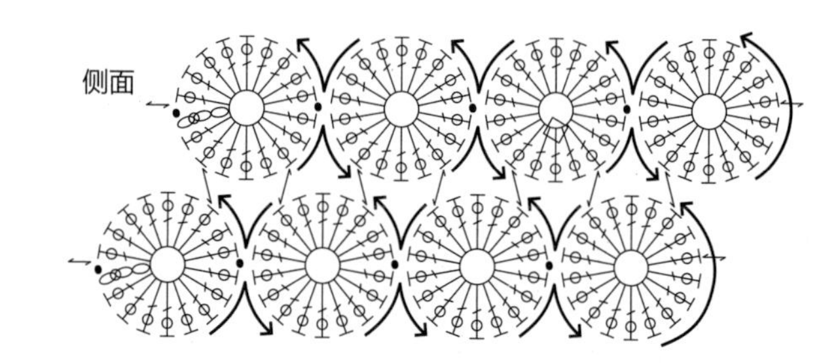

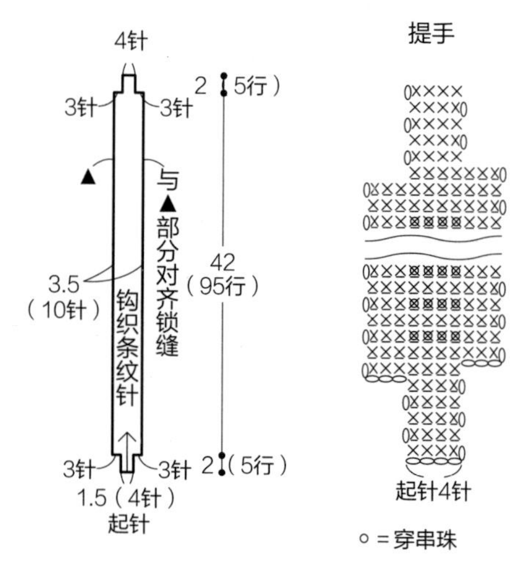

○＝穿串珠

口金部分的收尾

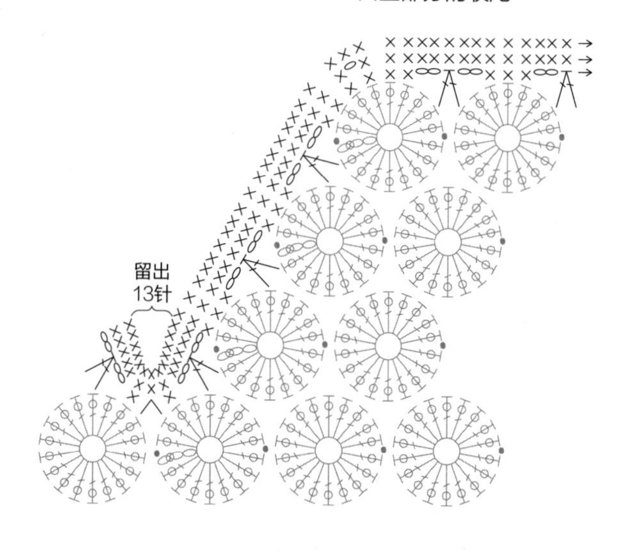

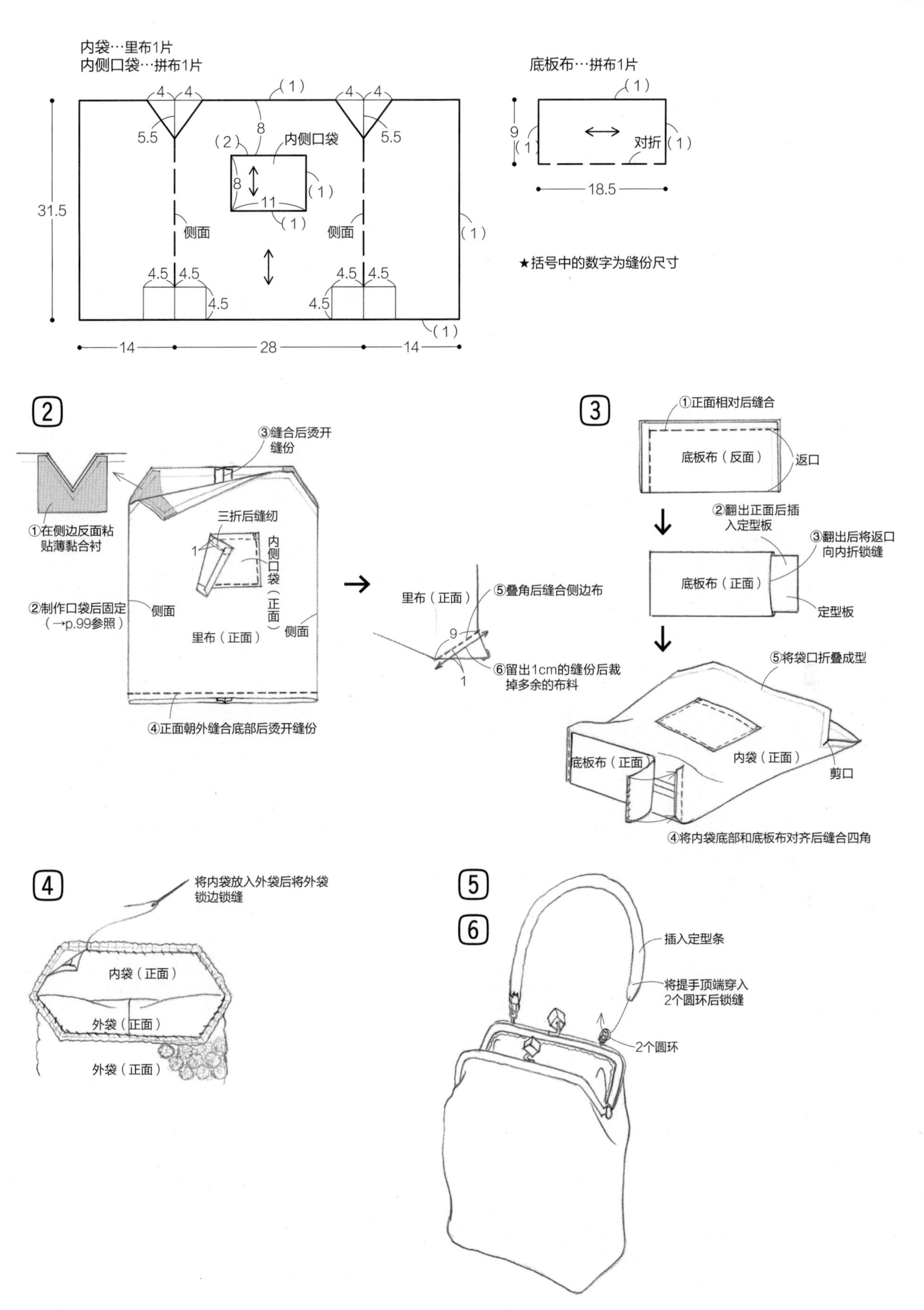

内袋…里布1片
内侧口袋…拼布1片
4 4
(1)
4 4
5.5
8
5.5
(2)
内侧口袋
8
(1)
11
(1)
31.5
侧面
侧面
(1)
4.5 4.5
4.5 4.5
4.5
4.5
(1)
14
28
14
底板布…拼布1片
(1)
9
(1)
对折
(1)
18.5
★括号中的数字为缝份尺寸
2
③缝合后烫开
缝份
三折后缝纫
1
内侧口袋（正面）
①在侧边反面粘
贴薄黏合衬
②制作口袋后固定
（→p.99参照）
侧面
侧面
里布（正面）
④正面朝外缝合底部后烫开缝份
里布（正面）
⑤叠角后缝合侧边布
9
⑥留出1cm的缝份后裁
掉多余的布料
1
3
①正面相对后缝合
底板布（反面）
返口
②翻出正面后插
入定型板
③翻出后将返口
向内折锁缝
底板布（正面）
定型板
⑤将袋口折叠成型
底板布（正面）
内袋（正面）
剪口
④将内袋底部和底板布对齐后缝合四角
4
将内袋放入外袋后将外袋
锁边锁缝
内袋（正面）
外袋（正面）
外袋（正面）
5
6
插入定型条
将提手顶端穿入
2个圆环后锁缝
2个圆环

成品 亮片马卡龙背包 page 30,31

page 30,31

◎ 材料

［达摩］鸭川线18号的原色（65）15g、
6mm的亮片各色共63个
表布　羊毛a、b、d各20cm×10cm、
羊毛c、e、f各20cm×35cm
拼布　羊毛20cm×45cm
里布　80cm×35cm
表布、拼布用黏合衬　中厚黏合衬80cm×45cm
里布黏合衬　薄黏合衬80cm×35cm
里布袋口用黏合衬　毛衬20cm×6cm 2片
底板　定型板20cm×6cm 1片
［joint］提手　1cm宽的皮包带
长度40cm 2根（JTM-K14焦茶色）

◎ 工具

2号蕾丝针

◎ 制作方法

① 制作亮片花片。
② 将表布拼接在一起，再将亮片花片锁缝固定在表布正面。
③ 缝合侧边布。
④ 将表布和侧边布缝合在一起制作外袋。
⑤ 制作内袋。
⑥ 缝合外袋和内袋。
⑦ 安装提手后完成。

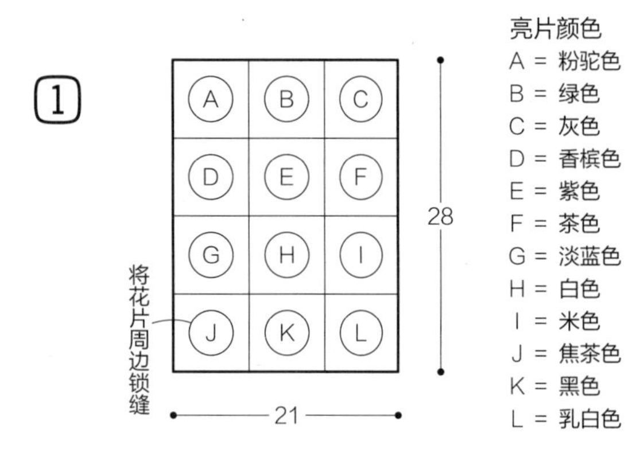

亮片颜色
A = 粉驼色
B = 绿色
C = 灰色
D = 香槟色
E = 紫色
F = 茶色
G = 淡蓝色
H = 白色
I = 米色
J = 焦茶色
K = 黑色
L = 乳白色

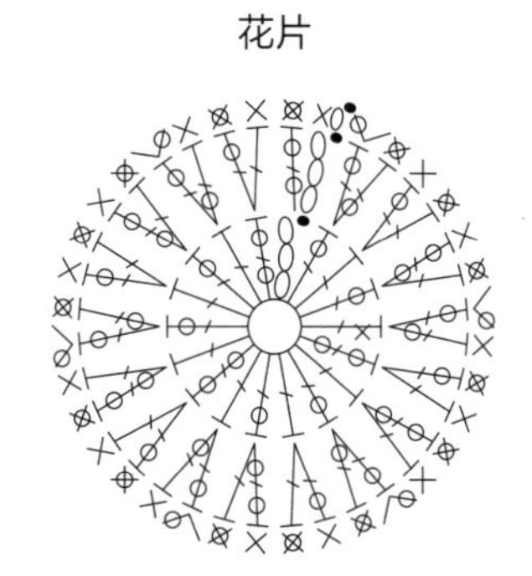

花片

第一段在线圈内入针钩织
○ =钩织亮片的位置
∨ =短针加针

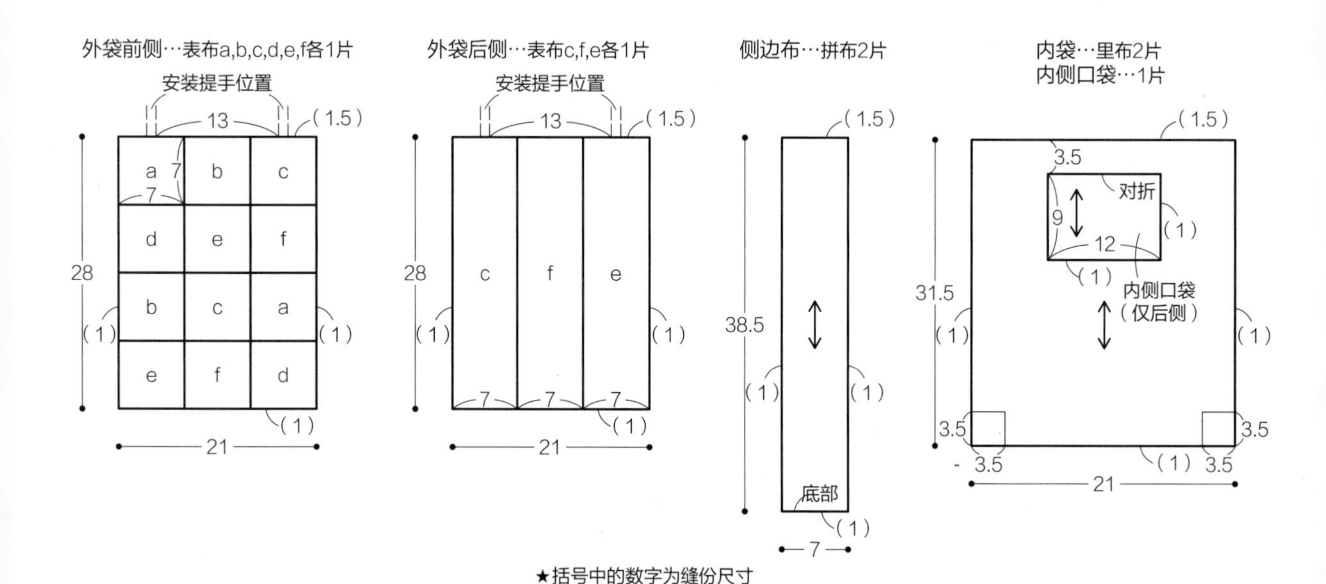

★括号中的数字为缝份尺寸

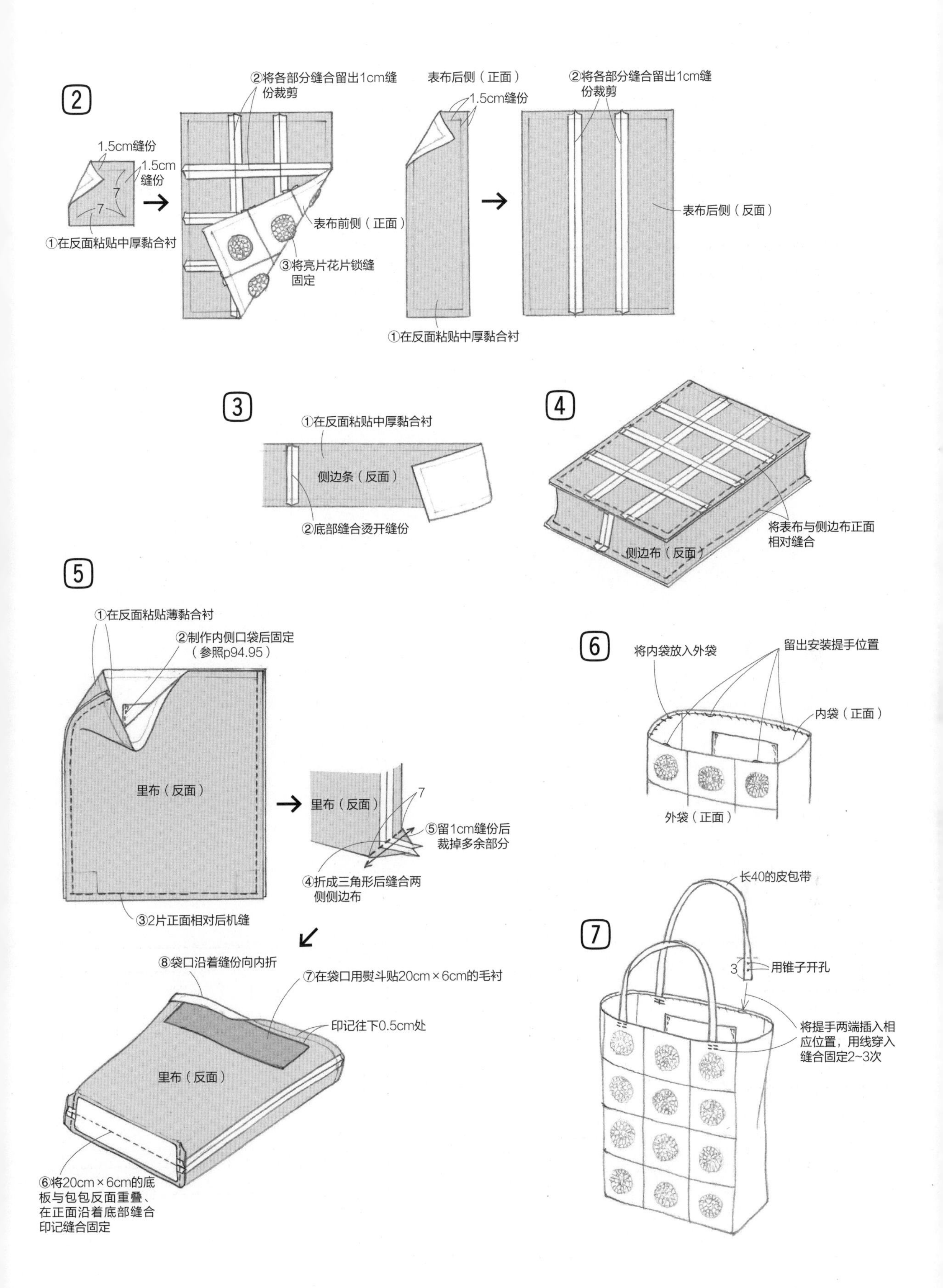
2
1.5cm缝份
1.5cm
缝份
7
7
①在反面粘贴中厚黏合衬
②将各部分缝合留出1cm缝
份裁剪
表布前侧（正面）
③将亮片花片锁缝
固定
表布后侧（正面）
1.5cm缝份
①在反面粘贴中厚黏合衬
②将各部分缝合留出1cm缝
份裁剪
表布后侧（反面）
3
①在反面粘贴中厚黏合衬
侧边条（反面）
②底部缝合烫开缝份
4
将表布与侧边布正面
相对缝合
侧边布（反面）
5
①在反面粘贴薄黏合衬
②制作内侧口袋后固定
（参照p94.95）
里布（反面）
③2片正面相对后机缝
里布（反面）
7
⑤留1cm缝份后
裁掉多余部分
④折成三角形后缝合两
侧侧边布
⑧袋口沿着缝份向内折
⑦在袋口用熨斗贴20cm × 6cm的毛衬
印记往下0.5cm处
里布（反面）
⑥将20cm × 6cm的底
板与包包反面重叠、
在正面沿着底部缝合
印记缝合固定
6
将内袋放入外袋
留出安装提手位置
内袋（正面）
外袋（正面）
7
长40的皮包带
3
用锥子开孔
将提手两端插入相
应位置，用线穿入
缝合固定2~3次

成品 2 款钩织花样 page 32,33

1

◎ 材料

[DARUMA] 鸭川线18号黑色（2）36g、6mm黑色珠光螺旋管珠、2mm绿色螺旋管珠、6mm亚光螺旋管珠、5mm黑色爪钻、5mm薄荷色圆串珠各适量，3cm的包扣3个

表布　厚棉布28.5cm × 34.5cm

黏合衬　28.5cm × 34.5cm

直径6cm的黑缎3张（包扣用）

◎ 工具

2号蕾丝针

◎ 制作方法

① 将串珠穿入线中钩织。穿珠钩织方法参照p.156。

② 在表布反面粘贴黏合衬，四周锁缝。

③ 先固定花茎，然后依次固定花朵、叶子，再用细密的针缝锁缝。

④ 固定圆串珠、爪钻。

● 爪钻　　○ 圆串珠

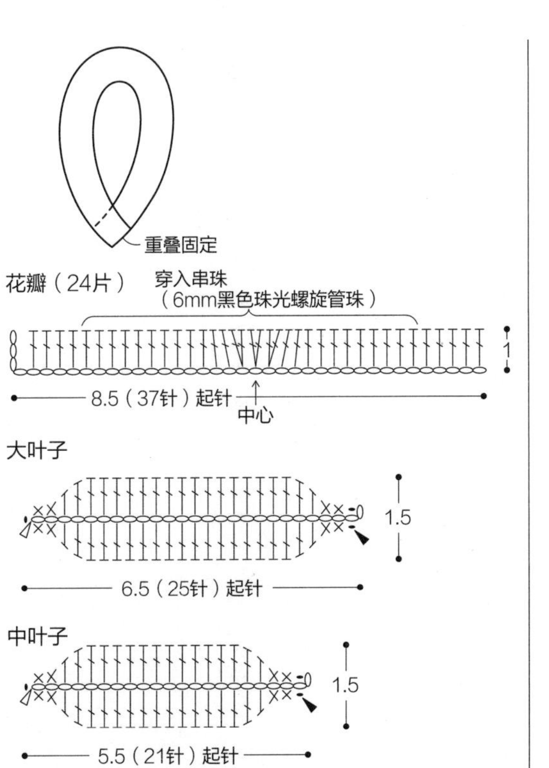

叶子串珠（2mm绿色螺旋管珠）
长针 2颗
中长针 1颗
短针 1颗

花茎 穿入串珠
（6mm亚光款螺旋管珠）

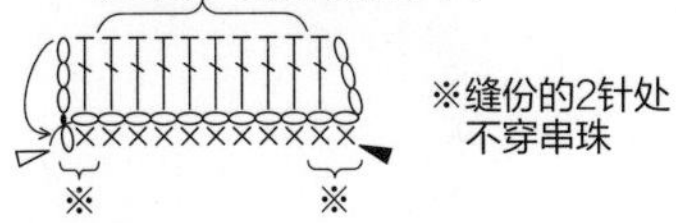

花茎针数

号码	起针数
①	18（含2针缝份）
②	35
③	76（含2针缝份）
④	44（ 〃 ）
⑤	16（ 〃 ）
⑥	54（ 〃 ）
⑦	46（ 〃 ）
⑧	14（ 〃 ）
⑨	19
⑩	24（含2针缝份）
⑪	16
⑫	19
⑬	16
⑭	138（含2针×2缝份）
⑮	25（含2针缝份）
⑯	40
⑰	15
⑱	18（含2针缝份）
⑲	15（ 〃 ）

2

材料

风筝线3号20g、10mm的椰壳亮片220个

工具

0号蕾丝针

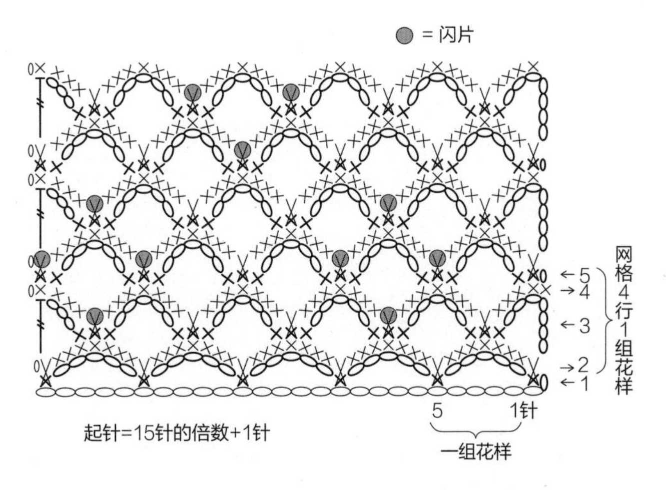

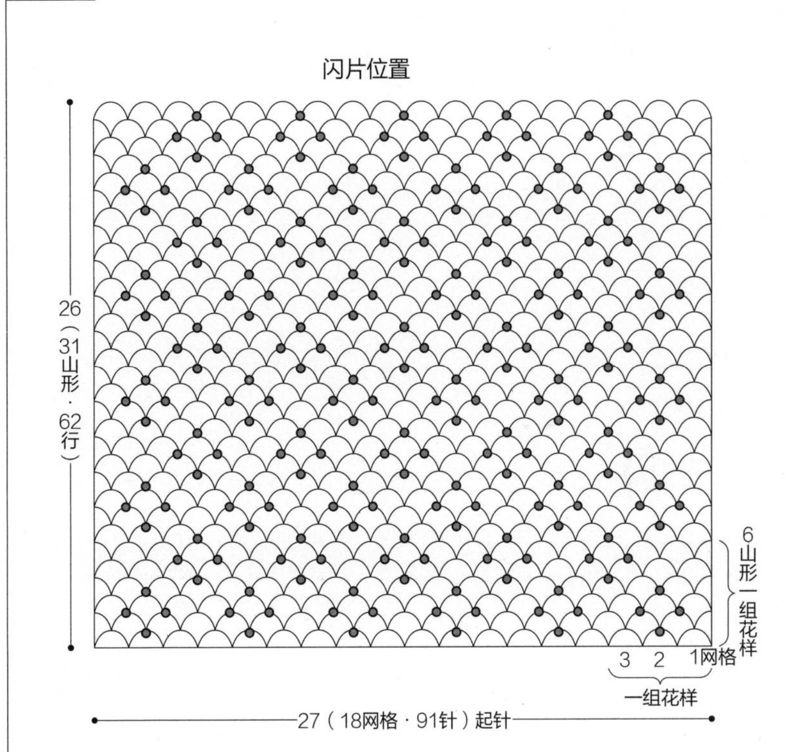

成品 暖色系随身包 page 34

◎ 材料

［TEORIYA］T honey wool焦茶色（20）35g、赤茶色（35）25g、橙色（19）25g

［DMC］Diamant青铜色（D301）2卷

里布　印花布60cm×20cm

里布黏合衬　薄黏合衬60cm×20cm

拉链　20cm长 1根

◎ 工具

8/0号钩针

◎ 制作方法

① 钩织外袋。

② 制作内袋。

③ 在外袋上安装拉链。

④ 将内袋和外袋缝合。

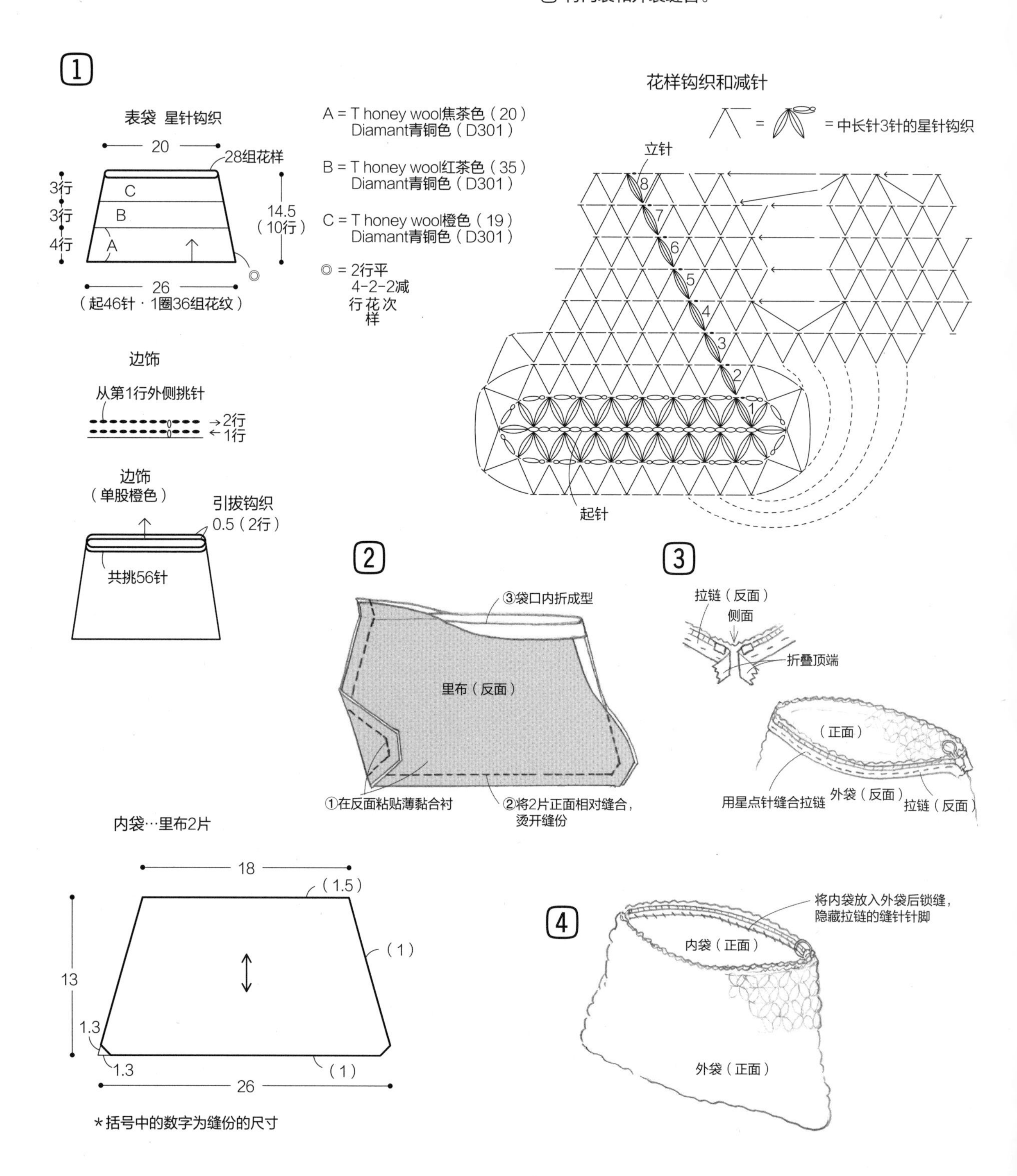

成品 Z 字形条状织带制作的雅致胸花 page 38,39

材料

p.38为风筝线3号

p.39为［町田丝店］16号银线、腊麻线（皮革用粗麻线）灰色

胸针1个

工具

2号蕾丝针

制作方法

① p.38、39的花朵针数和行数均相同。缩缝花朵的底部。

② 钩织2根花茎卷缝在花朵背面，安装胸针。

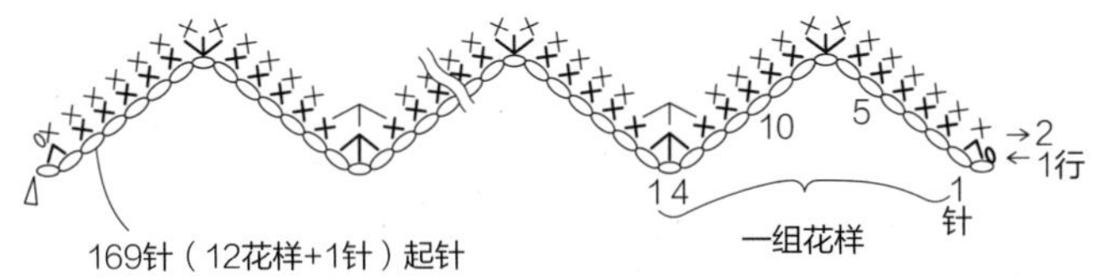

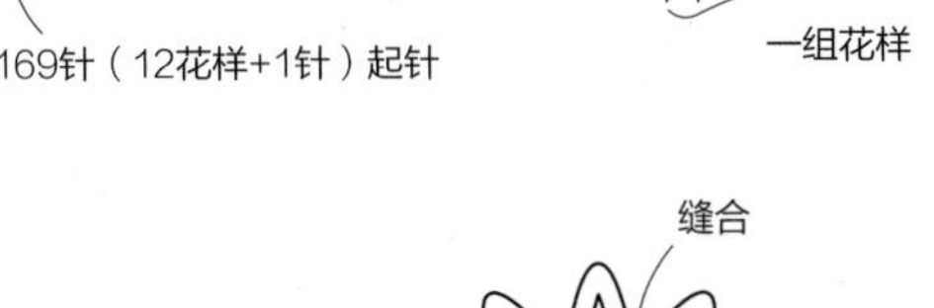

∨ = 1针短针分3针

∧ = 短针3针并1针

∧ = 短针2针并1针

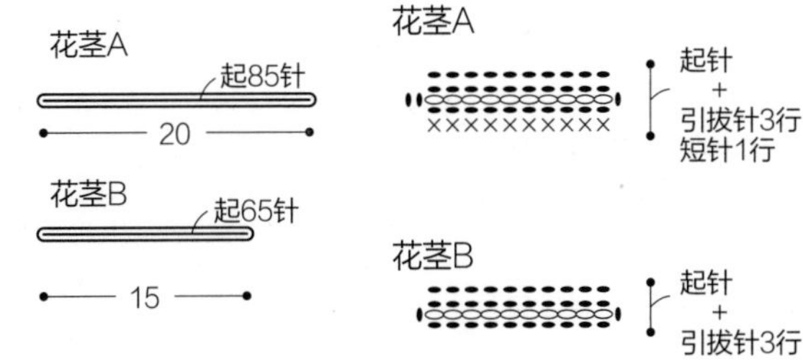

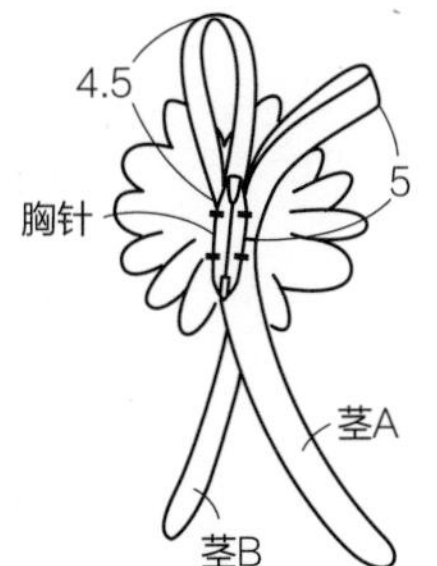

将花茎A和花茎B的一端弯曲成环状

固定在花朵背面

固定胸针

成品 5 款钩织花样 page 40,41

1

材料

［Puppy］ilios银色（901）、1.2cm的木珠（用灰色丝绸包裹）、直径4.5cm的灰色皮革、安全别针1个、1cm的塑料圆环1个

工具

2号蕾丝针

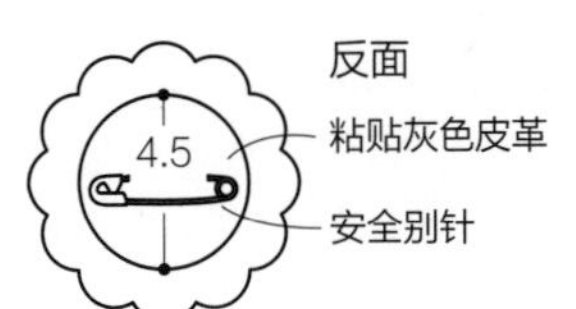

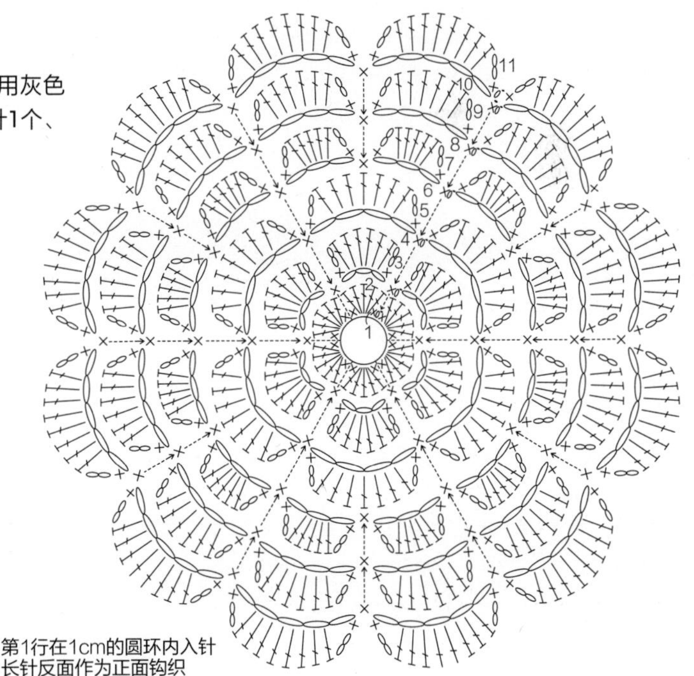

第1行在1cm的圆环内入针

长针反面作为正面钩织

成品 4款钩织花样 page 36,37

1

材料

［町田丝店］White Lane线16/9

工具

5/0号钩针

中长针3针合1针

19（14行）

19（52针）起针

←2

←1行

2

材料

［hobbyra hobbyre］wool shape白色（18）

［TEORIYA］Tapi wool白色（02）

工具

5/0号钩针

中长针6针并1针

19（19行）

21（73针）起针

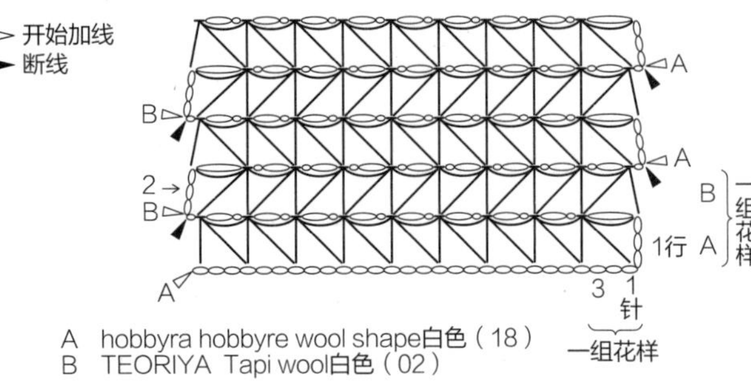

3

材料

［keito］Tosh Merino Light的chickory（283）

工具

4/0号钩针

中长针9针并1针

20（20行）

20（64针）起针

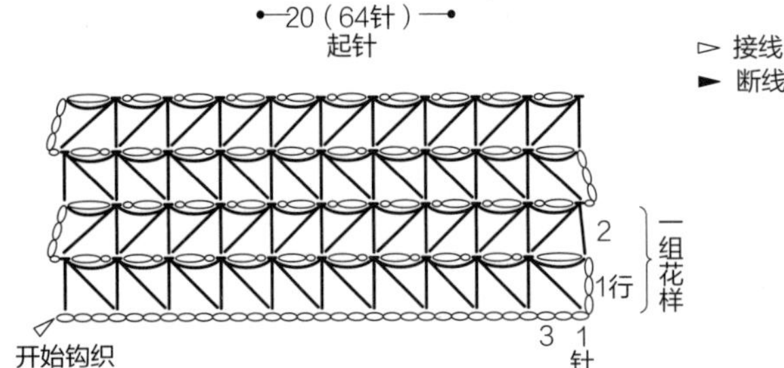

4

材料

［A.F.E］黑色横卷线（415）

工具

3/0号钩针

中长针3针并1针

19（21行）

19（70针）起针

▷ 接线

► 断线

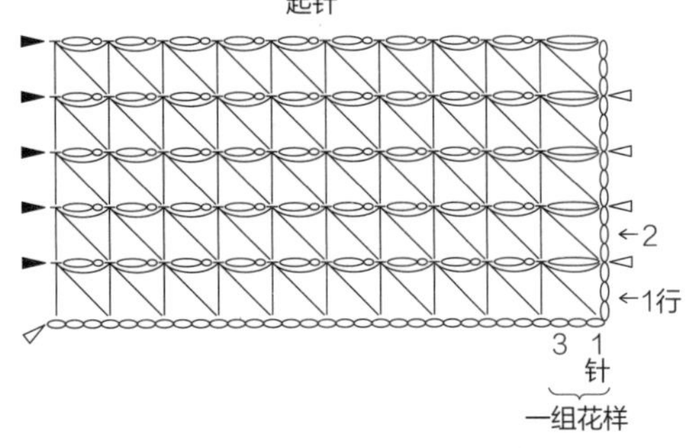

成品 冷色系背包 page 35

材料

［TEORIYA］T honey wool蓝绿色（30）、苔藓绿（9）各55g、黄褐色（33）40g

［DMC］Diamant黄金色（D140）3卷、银色（D415）1.5卷

里布　罗缎棉65cm×40cm

里布黏合衬　中厚黏合衬50cm×40cm

里布袋口用、穿提手黏合衬　F芯25cm×15cm

［INAZUMA］带钩皮提手　长45cm 2根（BM-4516米色）

扣子　直径3.5cm的1个　扣环用皮带3m

工具

7/0号钩针、0号蕾丝针

制作方法

① 钩织外袋。

② 制作内袋。

③ 制作穿提手布。

④ 缝合外袋和内袋。

⑤ 安装提手、扣环、纽扣后完成。

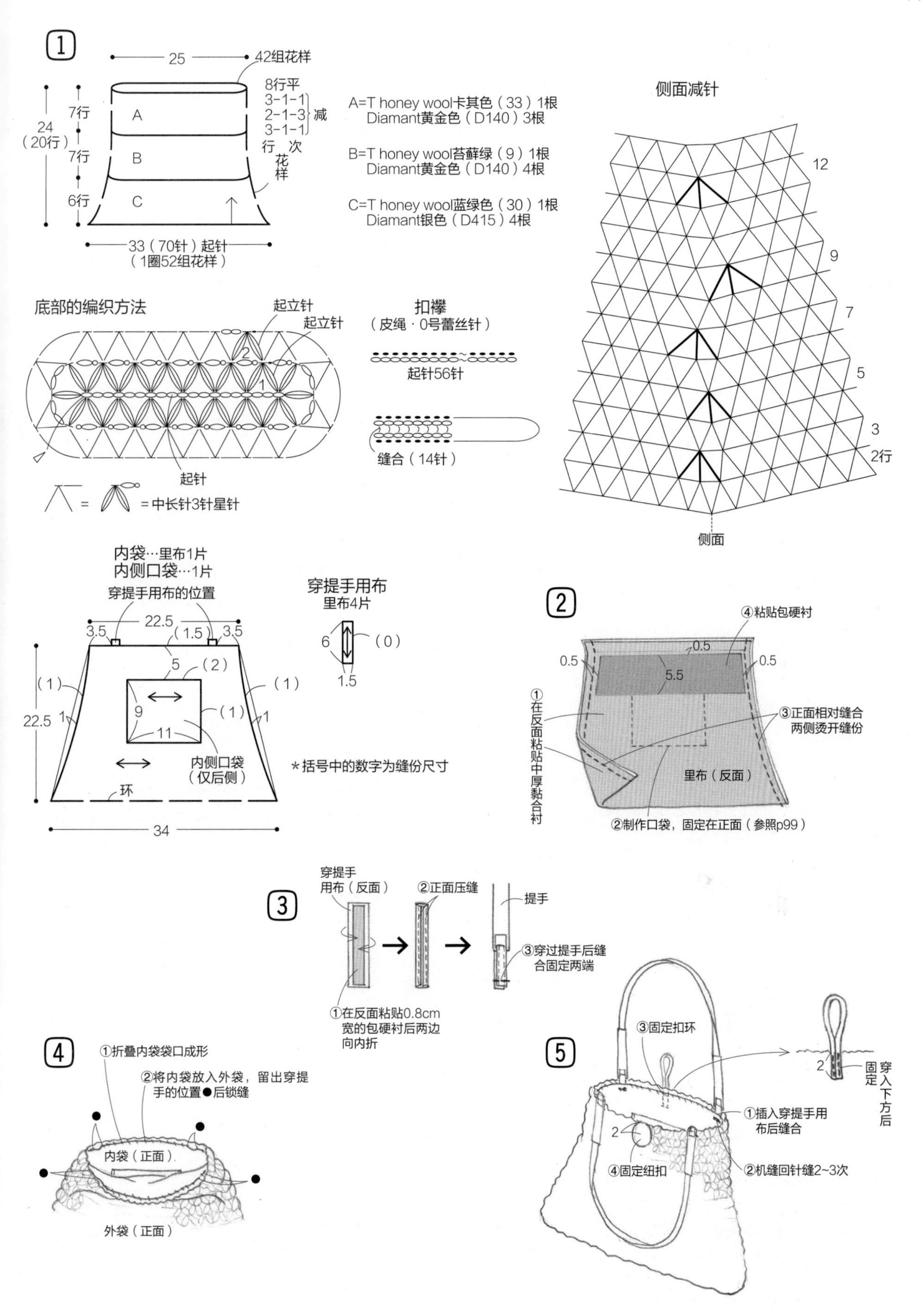
1
25
42组花样
8行平
3-1-1
2-1-3 减
3-1-1
行 次
花样
24
(20行)
7行
A
7行
B
6行
C
33(70针)起针
(1圈52组花样)
A=T honey wool卡其色(33)1根
Diamant黄金色(D140)3根
B=T honey wool苔藓绿(9)1根
Diamant黄金色(D140)4根
C=T honey wool蓝绿色(30)1根
Diamant银色(D415)4根
侧面减针
12
9
7
5
3
2行
侧面
底部的编织方法
起立针
起立针
2
1
起针
= 中长针3针星针
扣襻
(皮绳·0号蕾丝针)
起针56针
缝合(14针)
内袋…里布1片
内侧口袋…1片
穿提手用布的位置
22.5
3.5
(1.5)
3.5
5
(2)
(1)
(1)
22.5
1
9
(1)
1
11
内侧口袋
(仅后侧)
环
34
穿提手用布
里布4片
6
(0)
1.5
*括号中的数字为缝份尺寸
2
④粘贴包硬衬
0.5
0.5
0.5
5.5
①在反面粘贴中厚黏合衬
③正面相对缝合
两侧烫开缝份
里布(反面)
②制作口袋,固定在正面(参照p99)
3
穿提手
用布(反面)
②正面压缝
提手
③穿过提手后缝
合固定两端
①在反面粘贴0.8cm
宽的包硬衬后两边
向内折
4
①折叠内袋袋口成形
②将内袋放入外袋,留出穿提
手的位置●后锁缝
内袋(正面)
外袋(正面)
5
③固定扣环
2
穿入下方后固定
①插入穿提手用
布后缝合
2
④固定纽扣
②机缝回针缝2~3次

成品 5款钩织花样 page 40,41

2

材料

［TEORIYA］苎麻原色（16）、30号蕾丝线（花芯）、1.3cm的木珠1个

胸针底座　直径3cm的厚纸板、直径5cm的棉布、胸针1个

工具

0号蕾丝针

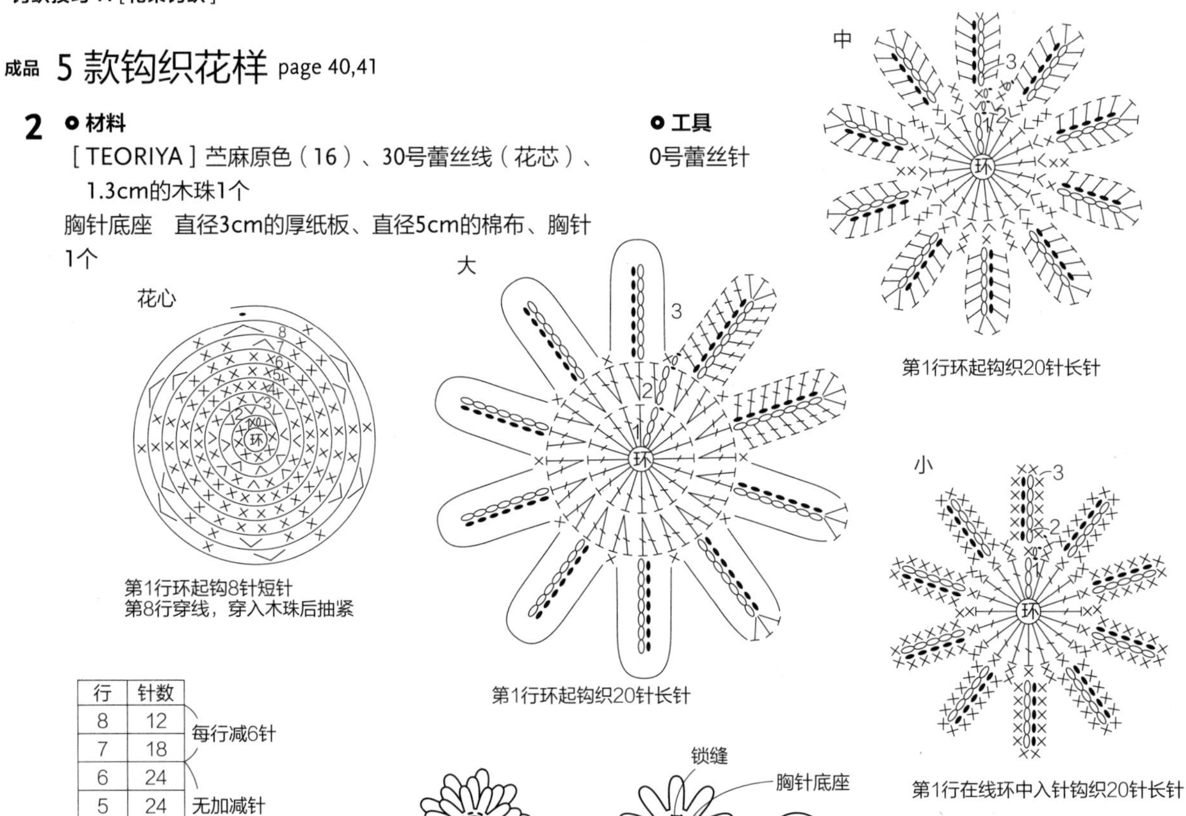

行	针数	
8	12	每行减6针
7	18	
6	24	无加减针
5	24	
4	24	
3	24	每行加8针
2	16	
1	8	圆环中钩织短针

3

材料

风筝线3号黑色、［TOSCO］TOSCO苎麻16/3白色、皮革用粗麻线灰色、直径3cm的塑料扣1个

胸针底座　直径3cm的厚纸板、直径4cm的黏合衬、直径5cm的棉布、安全别针1个

工具

2号蕾丝针

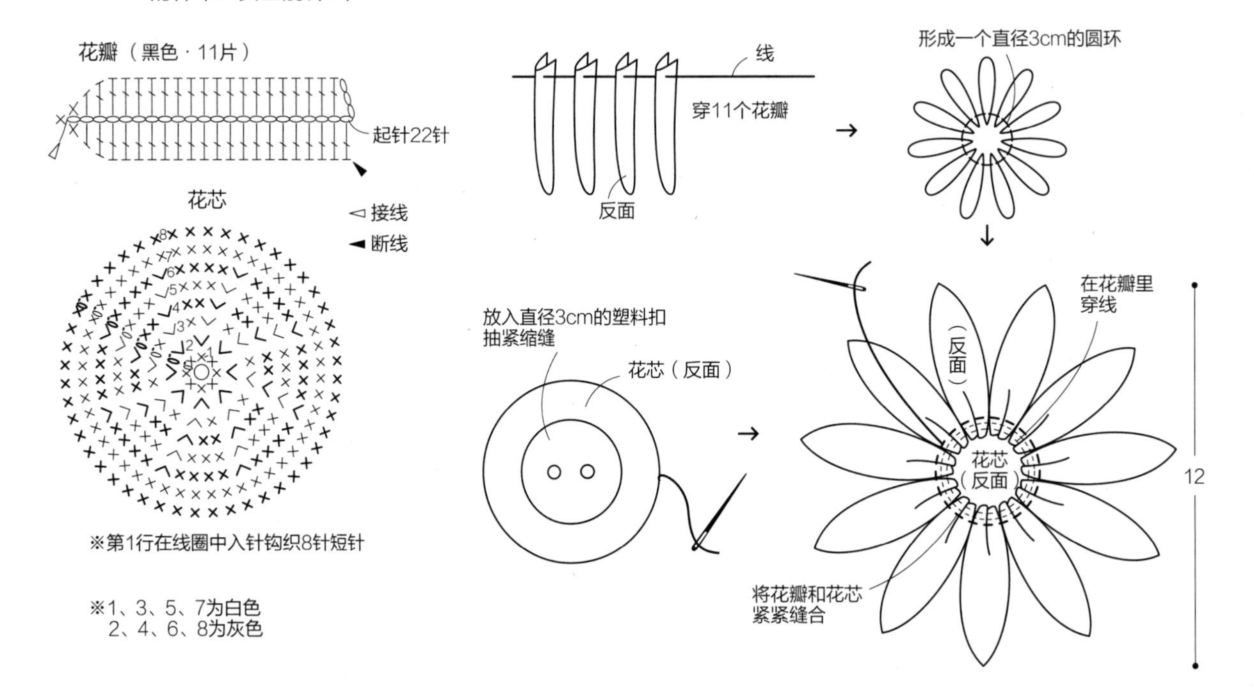

4、5

材料

4为［mondo］银丝马海毛灰色（2根）、[町田丝店]银线、5mm塑料圆环12个、胸针1个

5为［TOSCO］TOSCO苎麻20/3白色、米色、［町田丝店］White Lane（细）、5mm塑料圆环6个、胸针1个

工具

4为3/0号钩针、2号蕾丝针

5为2号、4号蕾丝针

花茎（通用）

4（银线 · 2号蕾丝针）

5（白色 · 2号蕾丝针）

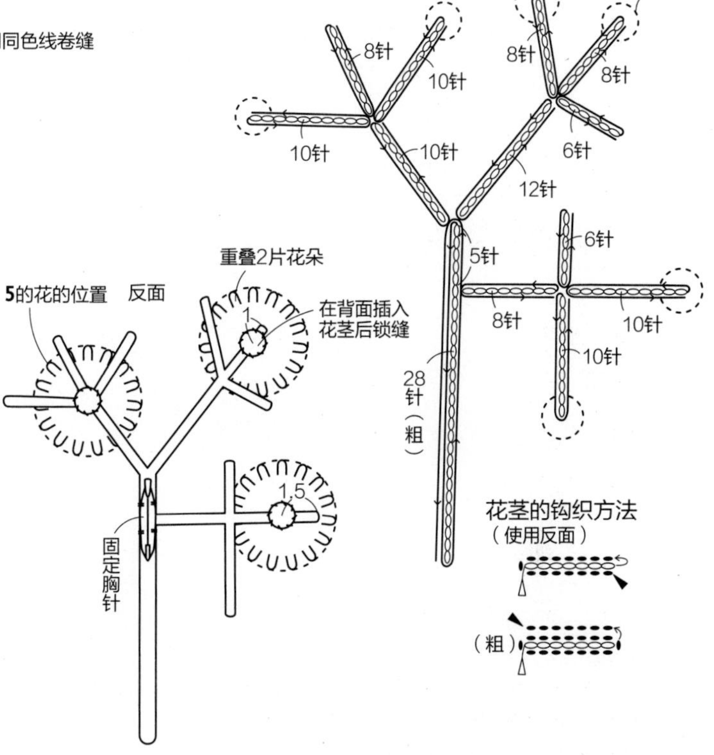

4

花朵（银丝马海毛 · 12片 · 3/0号钩针）

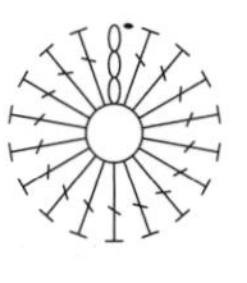

重叠2片花朵，用同色线卷缝插入花茎后卷缝

直径0.5cm的塑料圆环内钩织18针长针

5、花朵 TOSCO苎麻 · 白色 6片 · 2号蕾丝针）

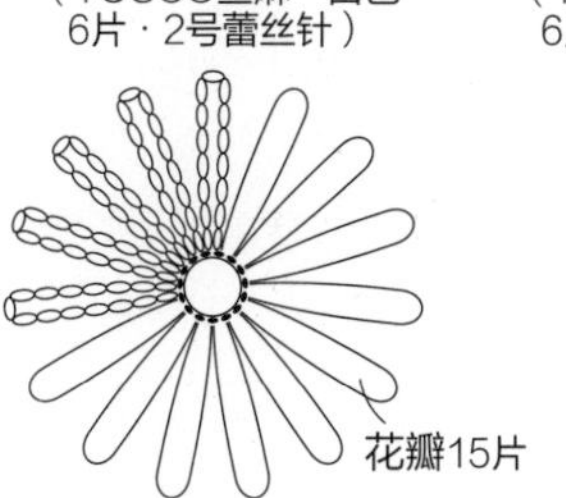

在直径0.5的塑料圆环内，钩织引拔1针，再钩织15针锁针。使用反面

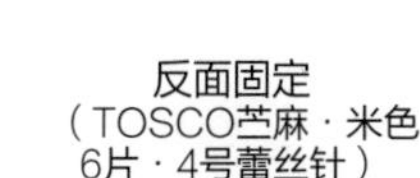

反面固定（TOSCO苎麻 · 米色 6片 · 4号蕾丝针）

胸针底座的制作方法

在直径5cm的棉布反面粘贴直径4cm的黏合衬，再将布边平针缝合。在中间插入直径3cm的厚纸板，抽线收口，用熨斗整理形状。

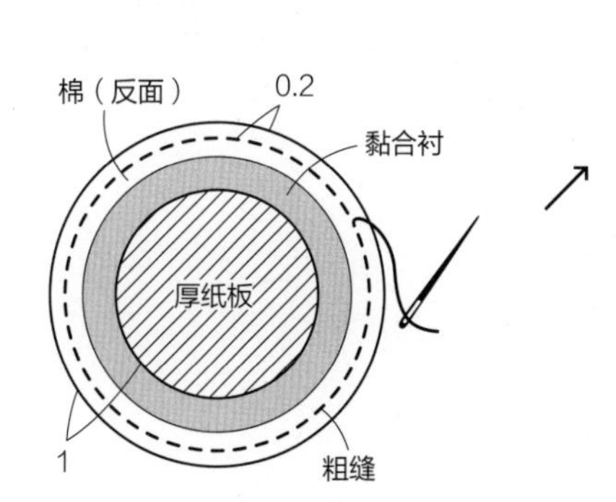

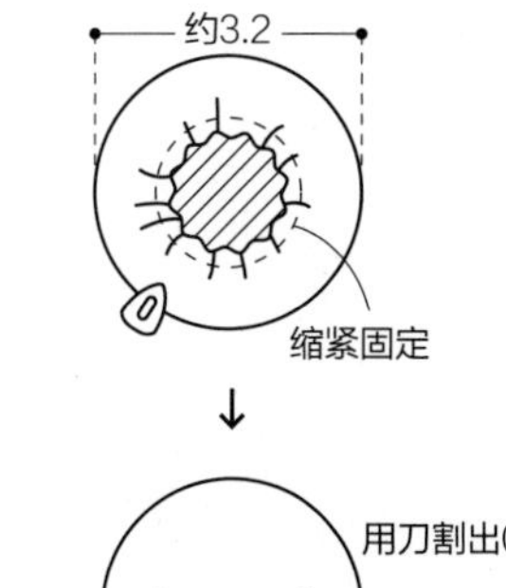

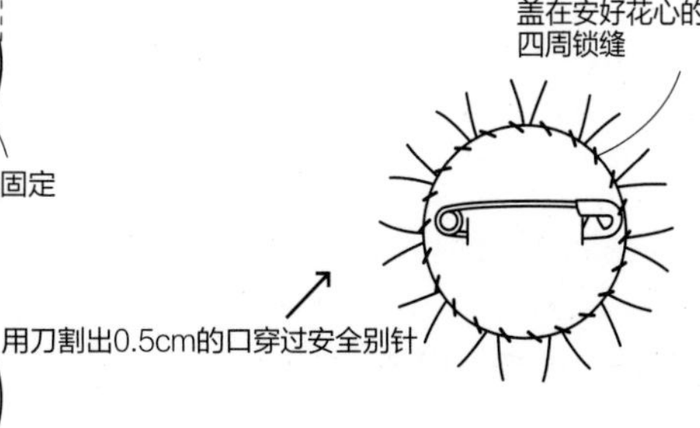

成品 排列着星号的背包 page 42,43

● 材料

[TEORIYA] Moke wool A米白色（13）90g、M真丝线蓝色（32）13g
里布　横纹罗缎棉60cm × 70cm
里布黏合衬　中厚黏合衬80cm × 35cm
底板　定型板24cm × 3.5cm1片
口金　16cm × 5.5cm1个
圆环　直径1.3cm的4个
[joint] 提手　2cm宽的皮包带50cm（JTM-K57蓝色）

● 工具

5/0号钩针

● 制作方法

① 制作外袋。
② 制作内袋。
③ 将外袋和内袋合并。
④ 安装口金（参照p.132）。
⑤ 安装提手。

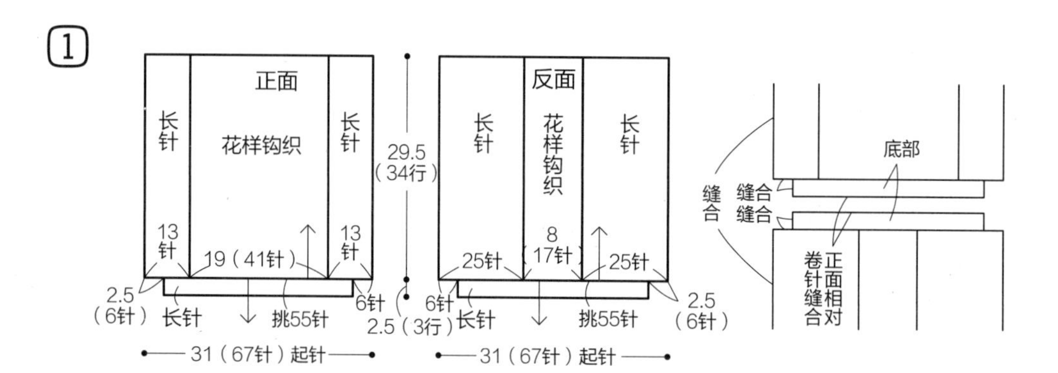

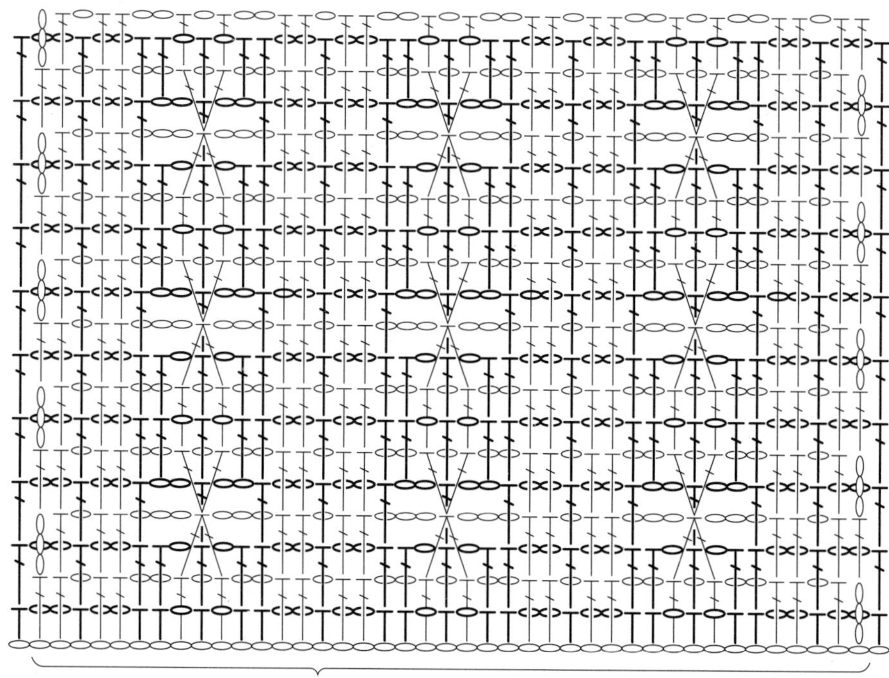

反面花样钩织

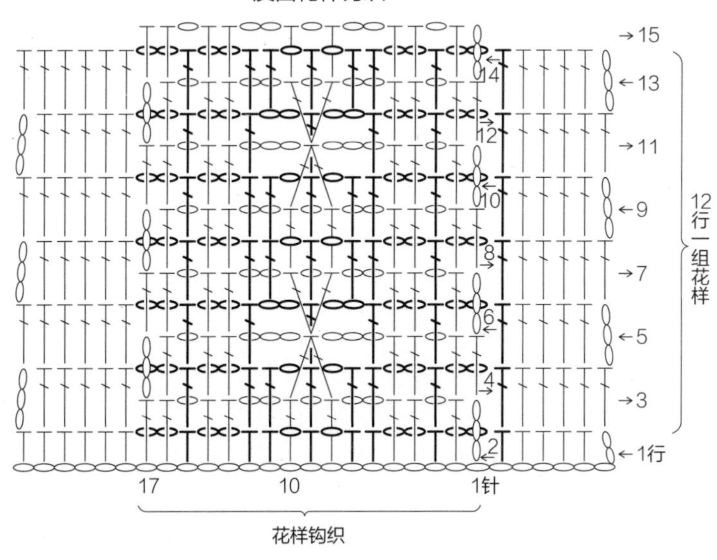

内袋…里布2片　内侧口袋…1片

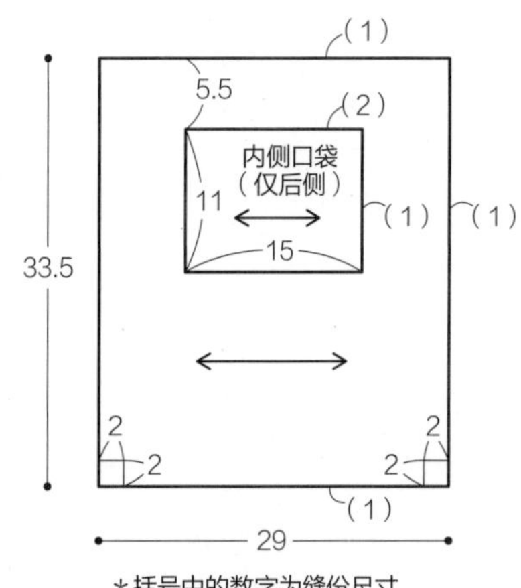

＊括号中的数字为缝份尺寸

2

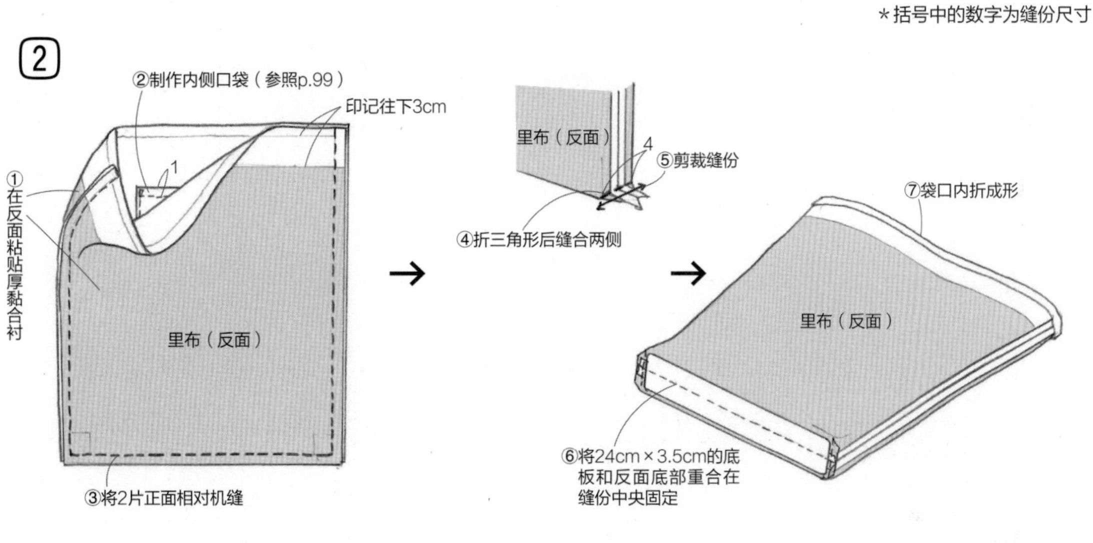

3

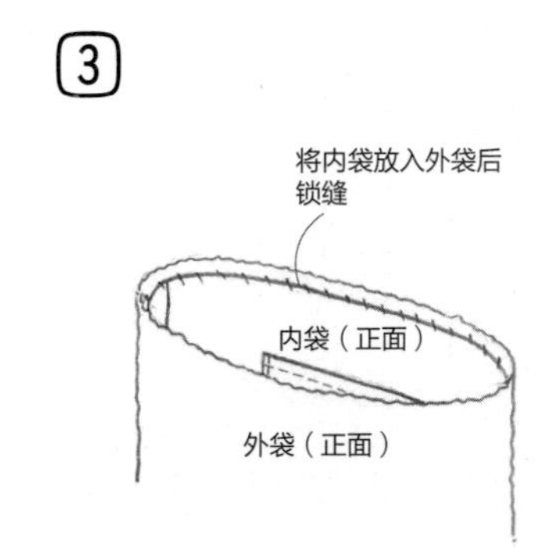

4　5

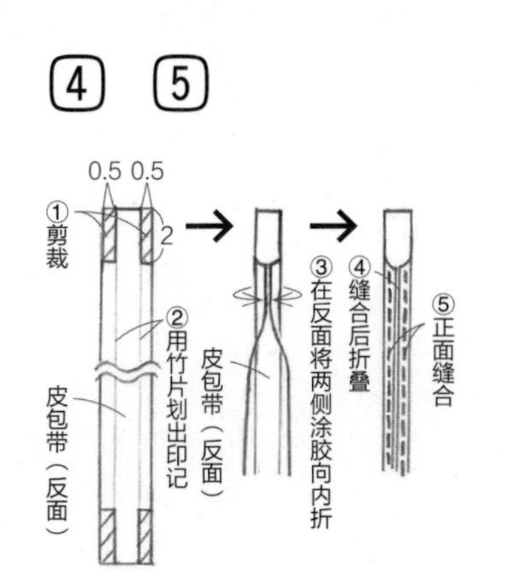

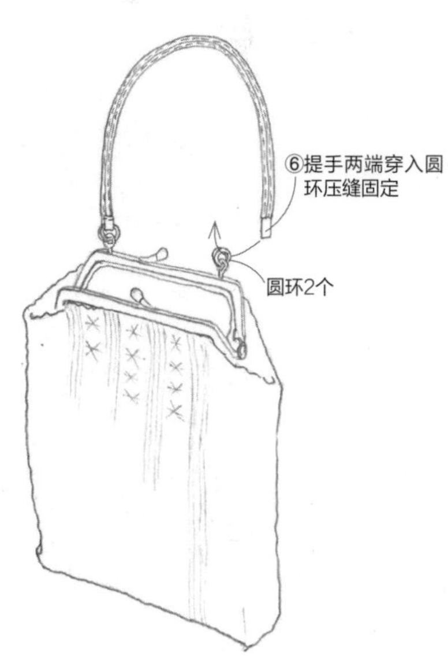

成品 4 款钩织花样 page 44,45

1

● 材料

[TEORIYA] Moke woolA蓝色（31）、como silk淡蓝色（50）

● 工具

5/0号钩针

粗线= como silk淡蓝色（50）
细线= Moke wool A蓝色（31）

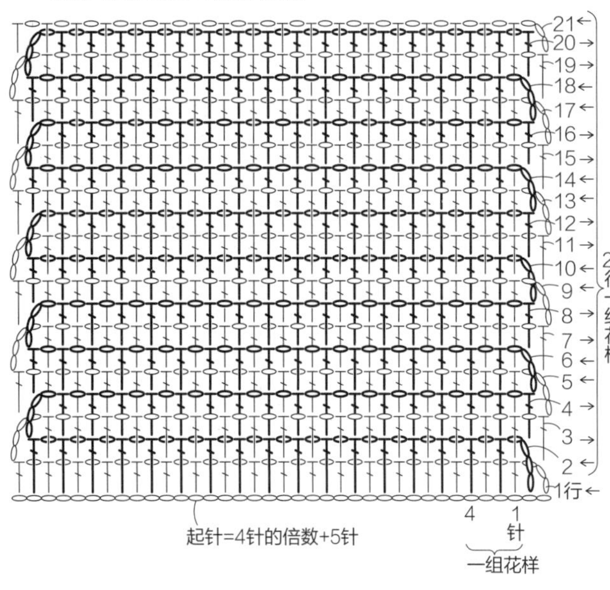

2

● 材料

[TEORIYA] Moke wool A深灰色（16）、M真丝线绿色（16）

● 工具

5/0号钩针

粗线= M真丝线绿色（16）
细线= Moke wool A深灰色（16）

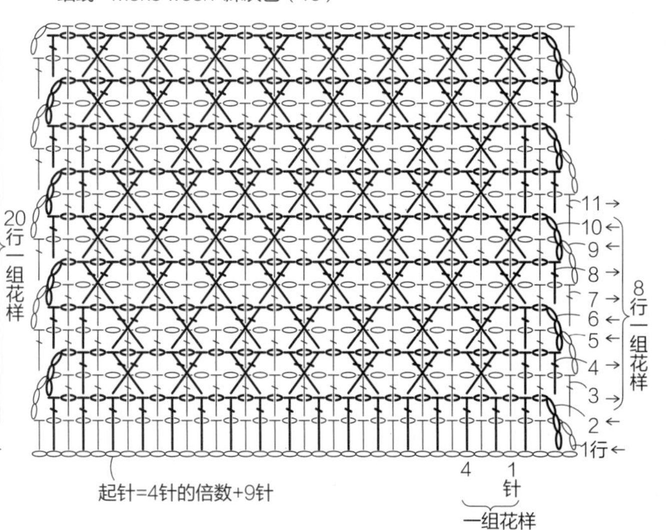

3

● 材料

[TEORIYA] Moke wool A浅绿色（18）、M真丝线深黑（7）

● 工具

5/0号钩针

粗线= M真丝线深黑（7）
细线= Moke wool A浅绿色（18）

4

● 材料

[TEORIYA] Moke wool A橙色（2）、真丝棉原色

● 工具

5/0号钩针

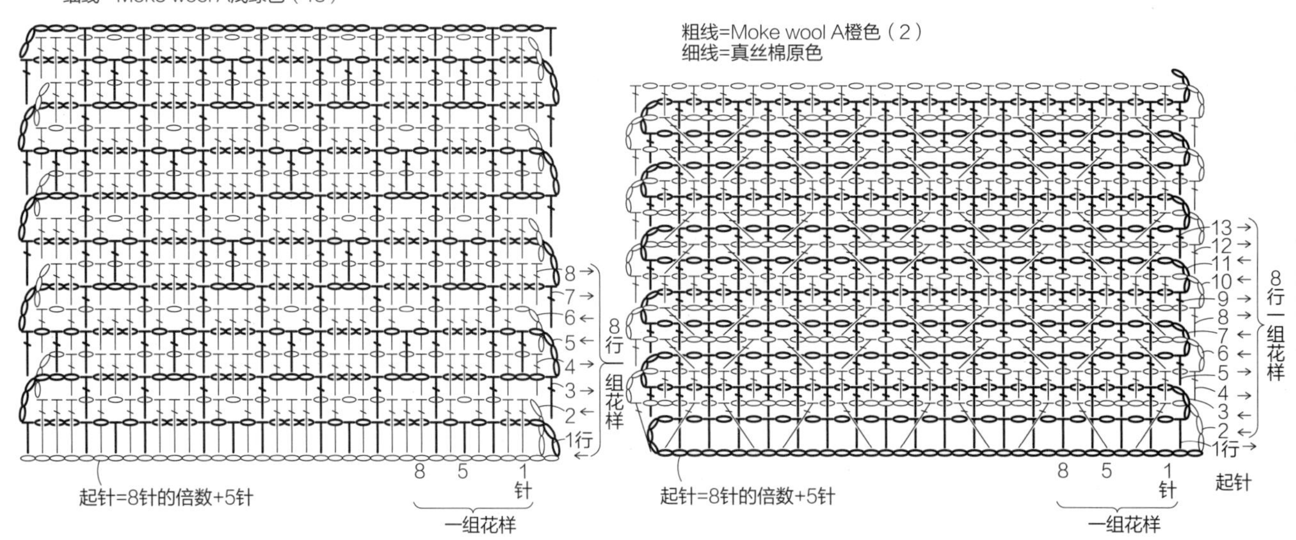

成品 5 款钩织花样 page 46,47

2

材料

[TOSCO] TOSCO苎麻20/3

工具

2号蕾丝针

1

材料

[TEORIYA] 原色苎麻16/3、
8mm塑料圆环20个（1组花样）

工具

0号蕾丝针

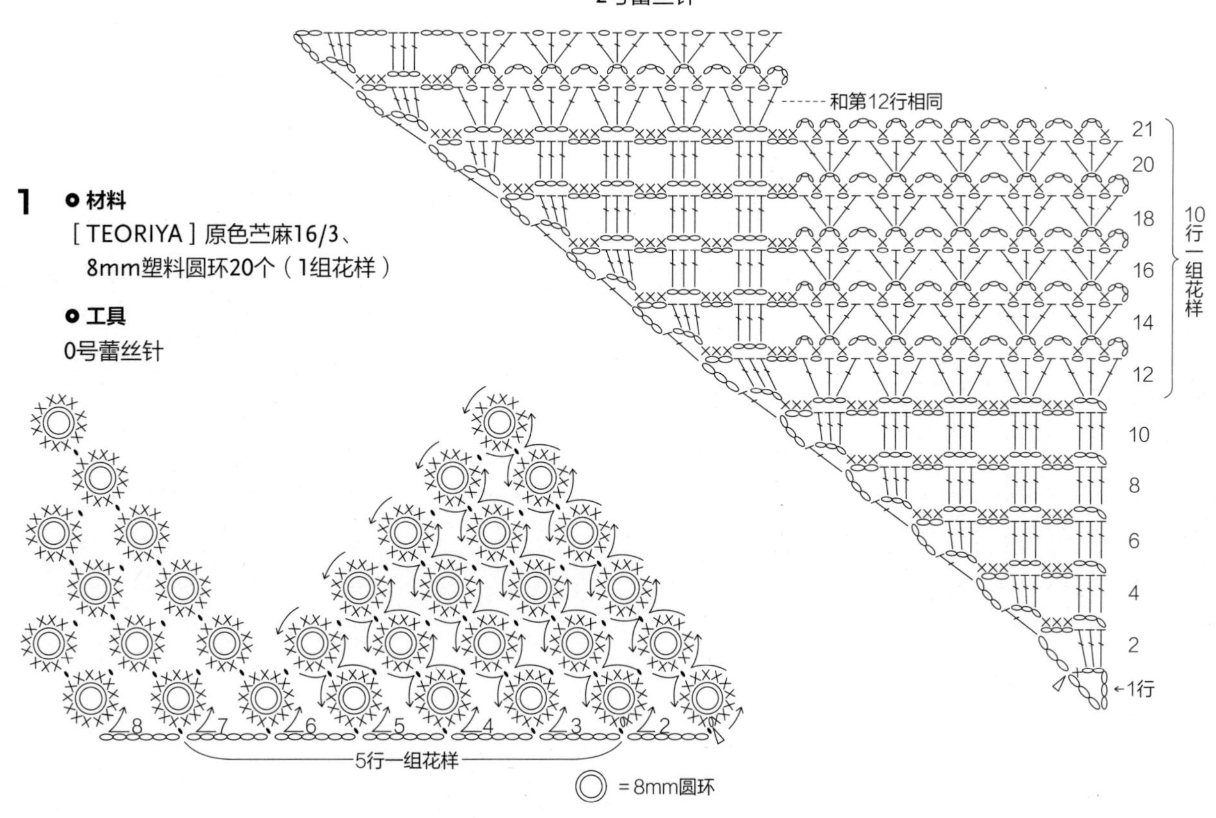

4

材料

[TOSCO] TOSCO苎麻20/3、0.8cm宽蛇形织带

工具

2号蕾丝针

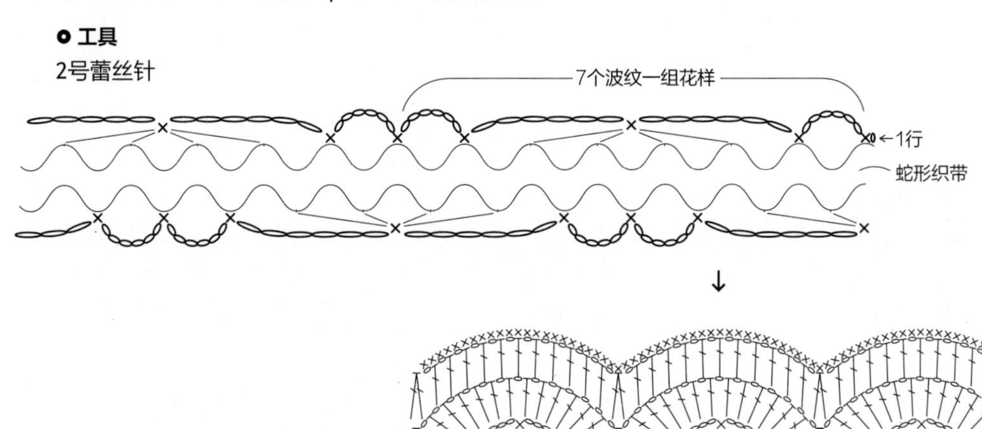

3

材料

［TOSCO］TOSCO苎麻20/3

工具

2号蕾丝针

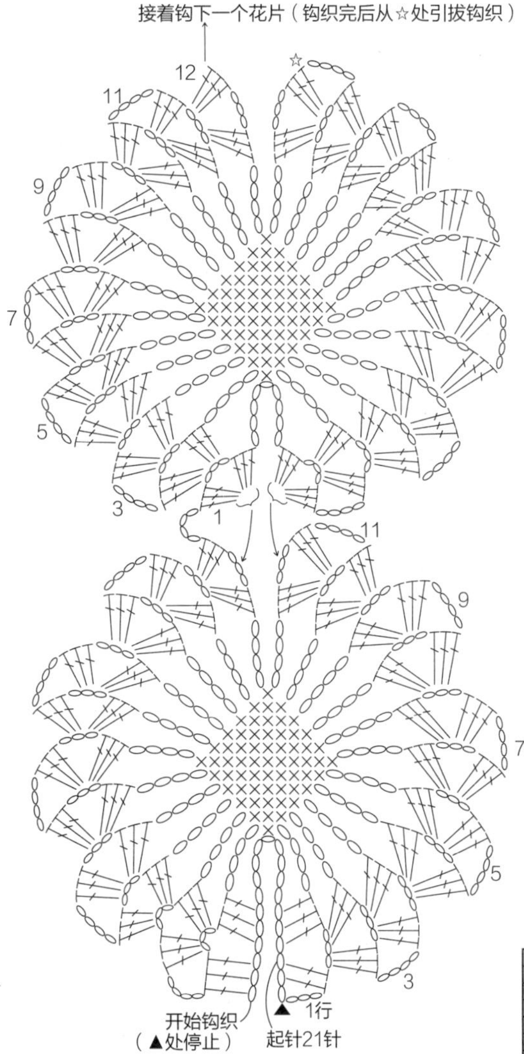

5

材料

［hobbyra hobbyre］亚麻three ply系列米白色（04）、淡绿色（06）、米黄色（01）、焦茶色（05）

工具

2号蕾丝针

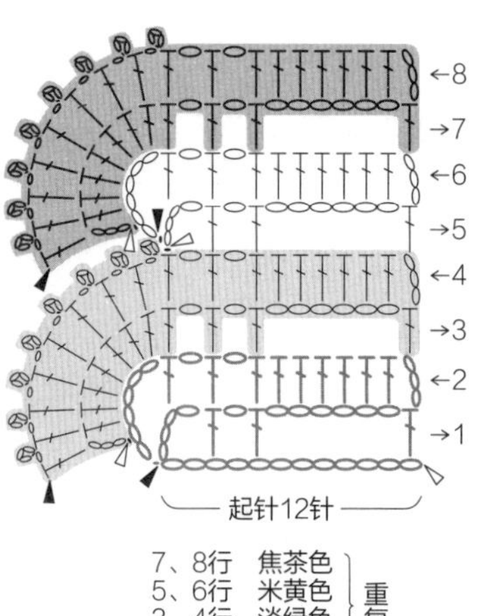

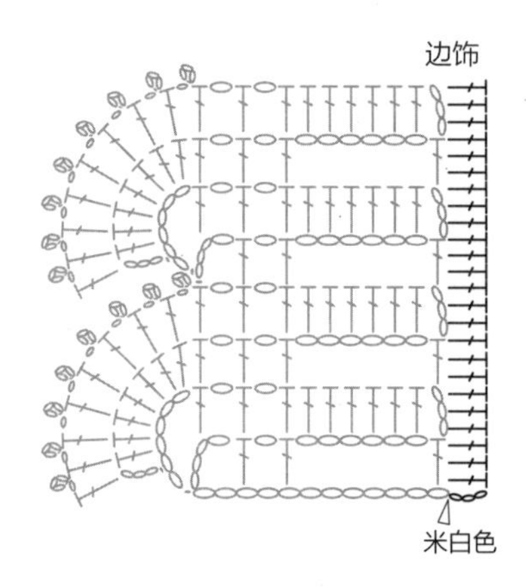

钩织技巧 K［方眼钩织］

成品 4 款钩织花样 page 48,49

1

材料

［TOSCO］TOSCO苎麻20/3　30g

工具

2号蕾丝针

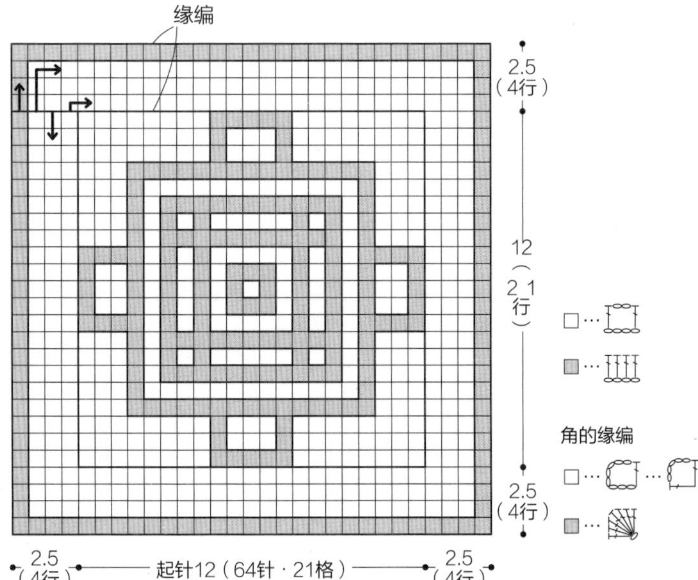

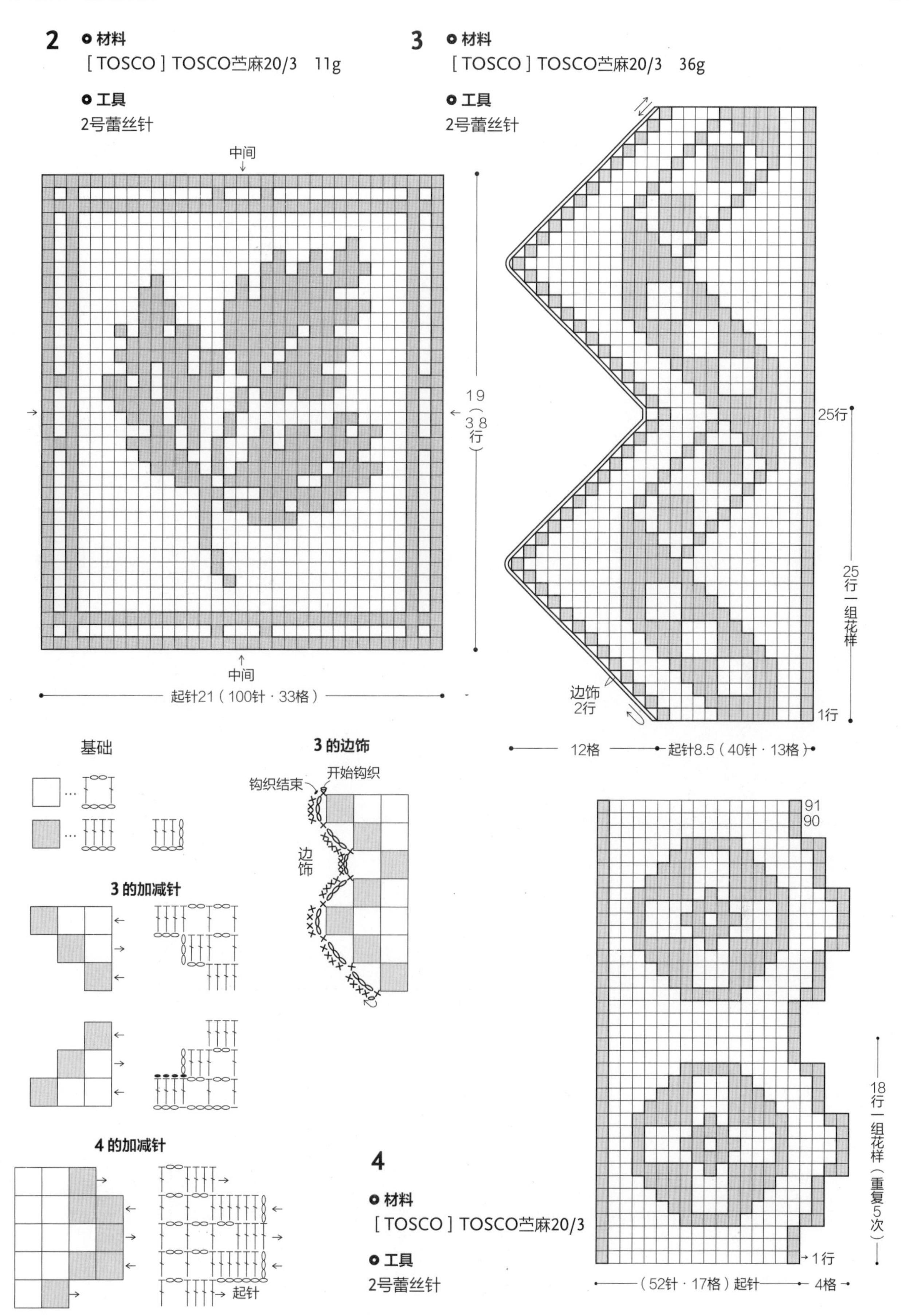
2
材料
[TOSCO] TOSCO苎麻20/3 11g
工具
2号蕾丝针
中间
19（38行）
中间
起针21（100针 · 33格）
3
材料
[TOSCO] TOSCO苎麻20/3 36g
工具
2号蕾丝针
25行
25行一组花样
边饰2行
1行
12格
起针8.5（40针 · 13格）
基础
3 的边饰
开始钩织
钩织结束
边饰
3 的加减针
4 的加减针
起针
4
材料
[TOSCO] TOSCO苎麻20/3
工具
2号蕾丝针
91
90
18行一组花样（重复5次）
1行
（52针 · 17格）起针
4格

成品 8 款钩织花样 page 50,51

1

材料

［AVRIL］棉麻（1）

8mm塑料圆环

工具

2号蕾丝针

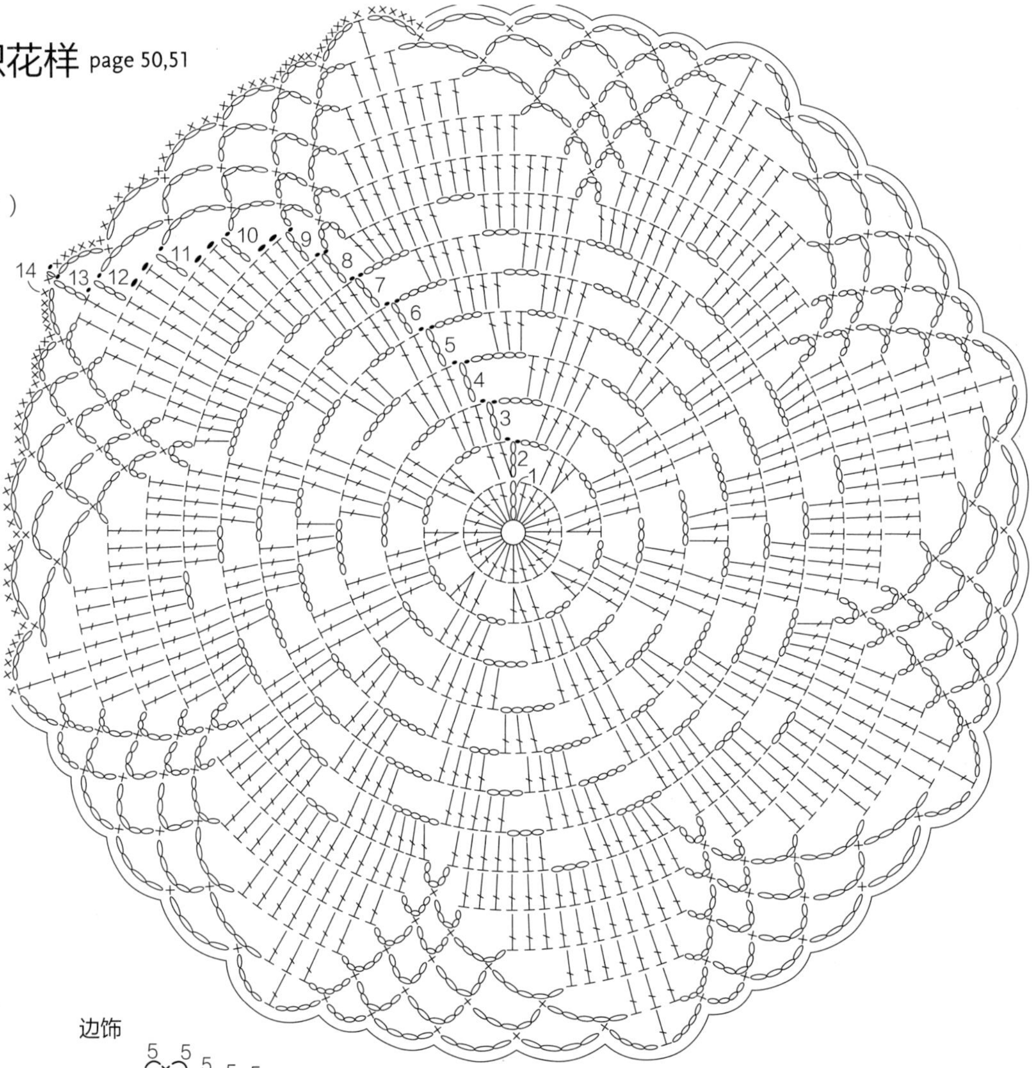

3

材料

中细棉线原色

8mm塑料圆环

工具

2/0号钩针

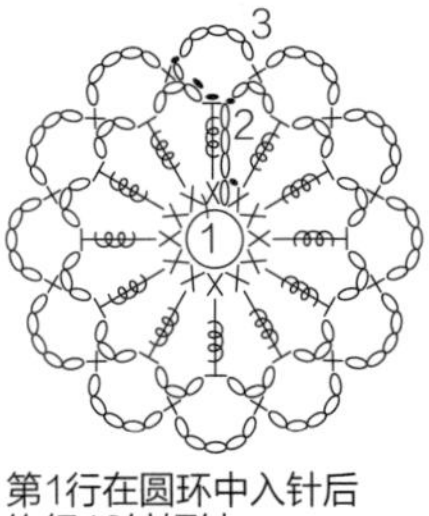

边饰

第1行在圆环中入针后钩织12针短针

= 卷钩针（卷12次后一次性引拔针）

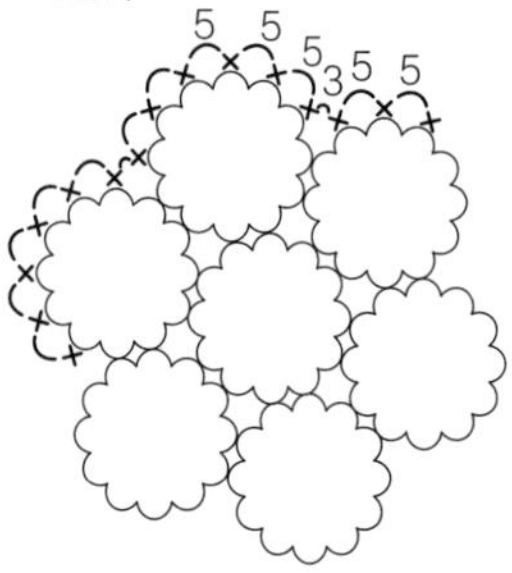

第4行的钩织方法

②的锁针钩织完后从①的短针处引拔钩织，再从②的锁针后半根线③处钩织短针，接着钩④。

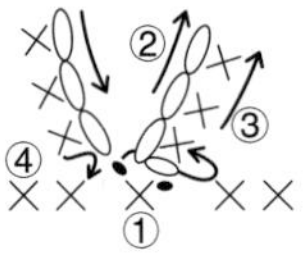

4

材料

［町田丝店］White Lane系列16/3米白色、

［TOSCO］TOSCO苎麻20/3白色

8mm塑料圆环

工具

2号蕾丝针

第1行在8mm圆环内入针钩织16针短针

3、4、5行=米白色

1、2、6行=白色

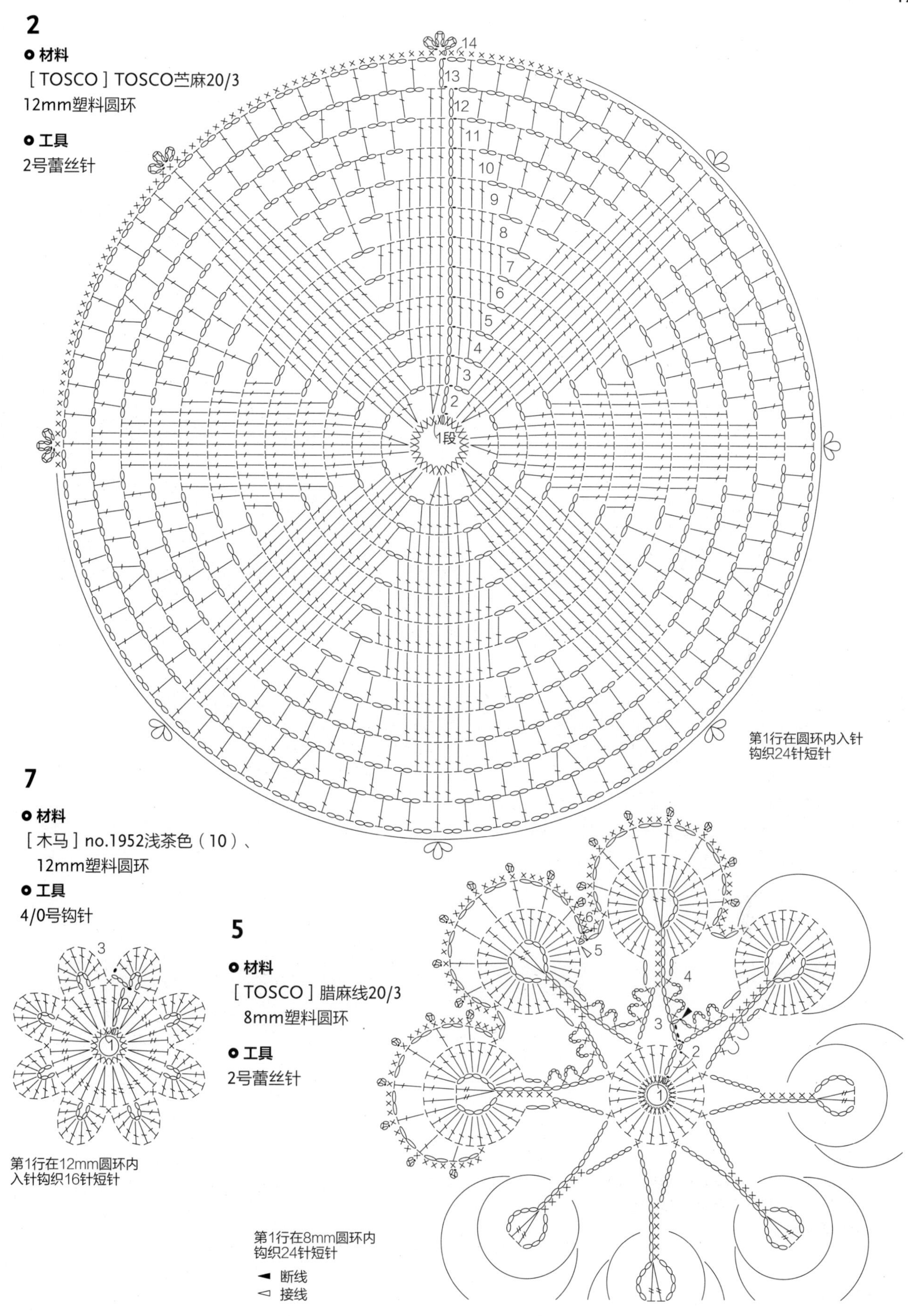
2
材料
[TOSCO] TOSCO苎麻20/3
12mm塑料圆环
工具
2号蕾丝针
第1行在圆环内入针
钩织24针短针
7
材料
[木马] no.1952浅茶色（10）、
12mm塑料圆环
工具
4/0号钩针
第1行在12mm圆环内
入针钩织16针短针
5
材料
[TOSCO] 腊麻线20/3
8mm塑料圆环
工具
2号蕾丝针
第1行在8mm圆环内
钩织24针短针
◄ 断线
◅ 接线

6 **材料**

[TOSCO] TOSCO苎麻16/3白色、
[町田糸店] White Lane16/3米白色、
8mm塑料圆环

工具

2号蕾丝针

8 **材料**

[TOSCO] TOSCO苎麻20/3

工具

2号蕾丝针

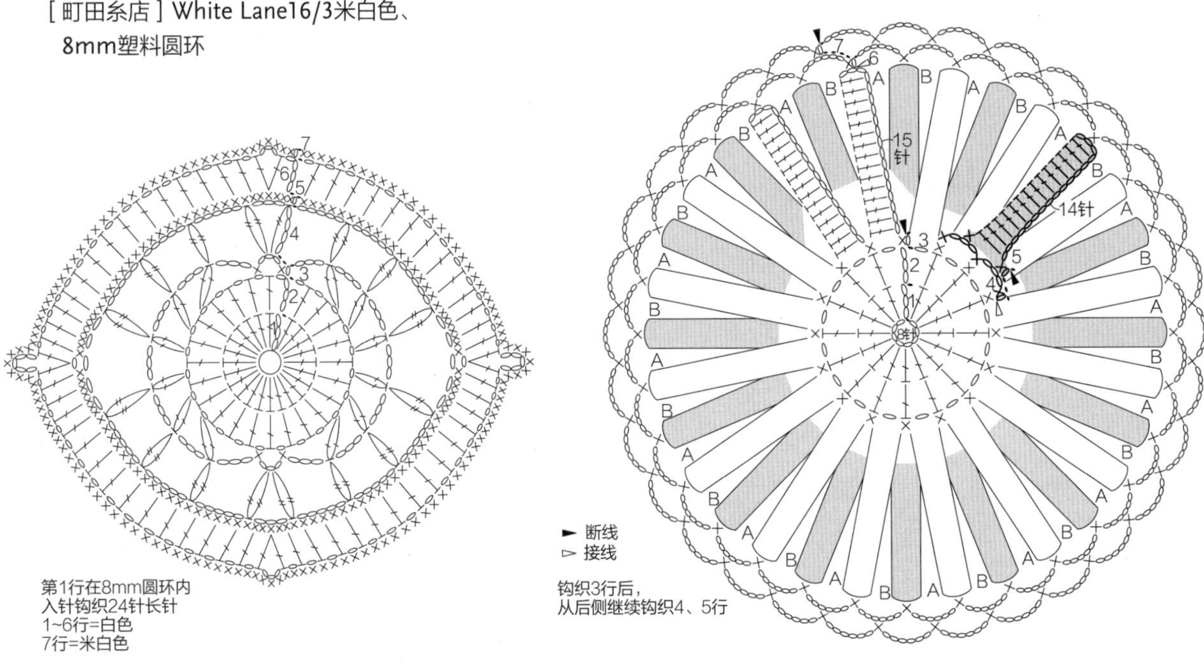

编织技巧 B [搓板针和罗纹针]

成品 婴儿袜 page54

材料

[AVRIL] spec系列红色（2408）、浅灰色（1848）、橙色（1237）、Pastel系列白色（00）（双股线的配色参照附表）1双14g

工具

5根3号棒针

密度

单罗纹针 33针×40行/10cm²、搓板针 22针×50行/10cm²

制作方法

① 用A色线单罗纹针起针环织6.5cm。除中间11针外其他部分休针，中间的11针编织8行罗纹针。

② 接着用B色编织10行搓板针后停止。

③ 如图挑针，用搓板针编织侧面和底部，再缝合脚跟后侧和脚心。

配色

	A	B
①	spec红色（2408）	spec红色（2408）
②	Pastel白色（00）	spec浅灰色（1848）
③	spec橙色（1237）	spec橙色（1237）

A色

缝合

B色

底在反面引拔拼接

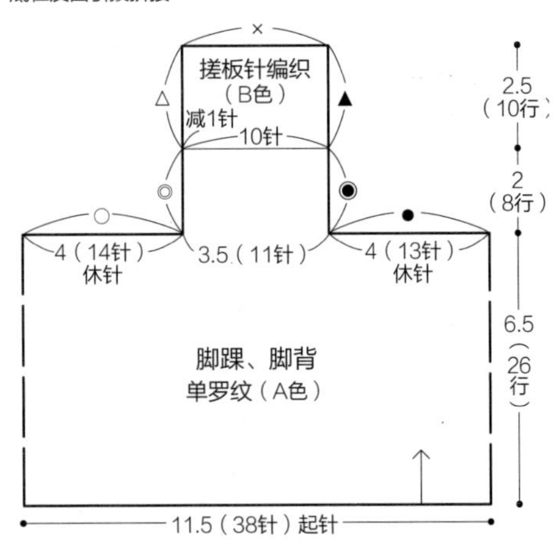

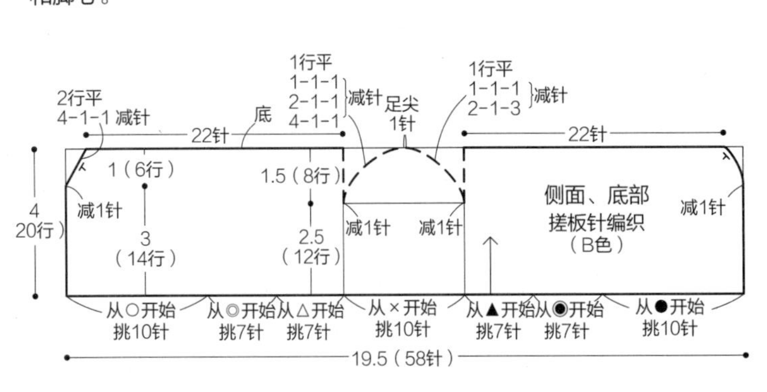

成品 # 婴儿帽 page55

● 材料

［AVRIL］粗麻系列白色（01）53g

● 工具

3 号 针 4 根

● 密度

搓板针 20针×40行/10cm²

● 制作方法

① 每行（反面/正面）都编织下针。

② 帽檐往返编织，最后用搓板针与开始编织的位置缝合。

③ 翻转后挑针，从反面开始每一行都往复编织上针。

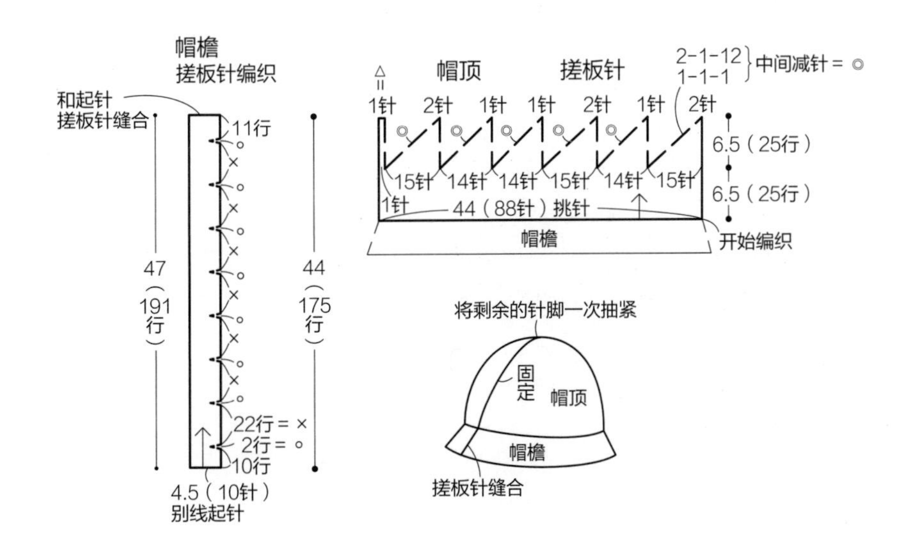

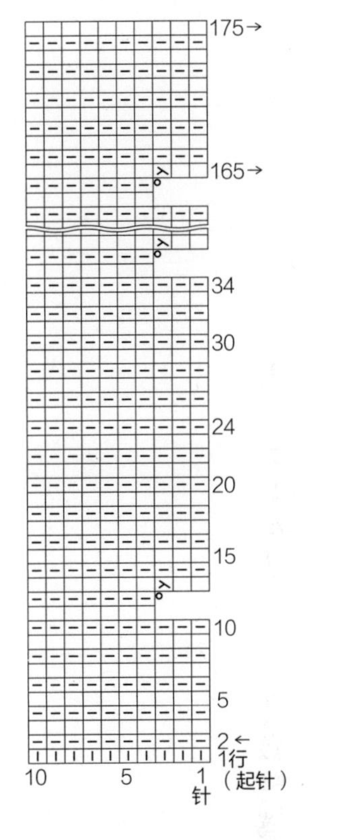

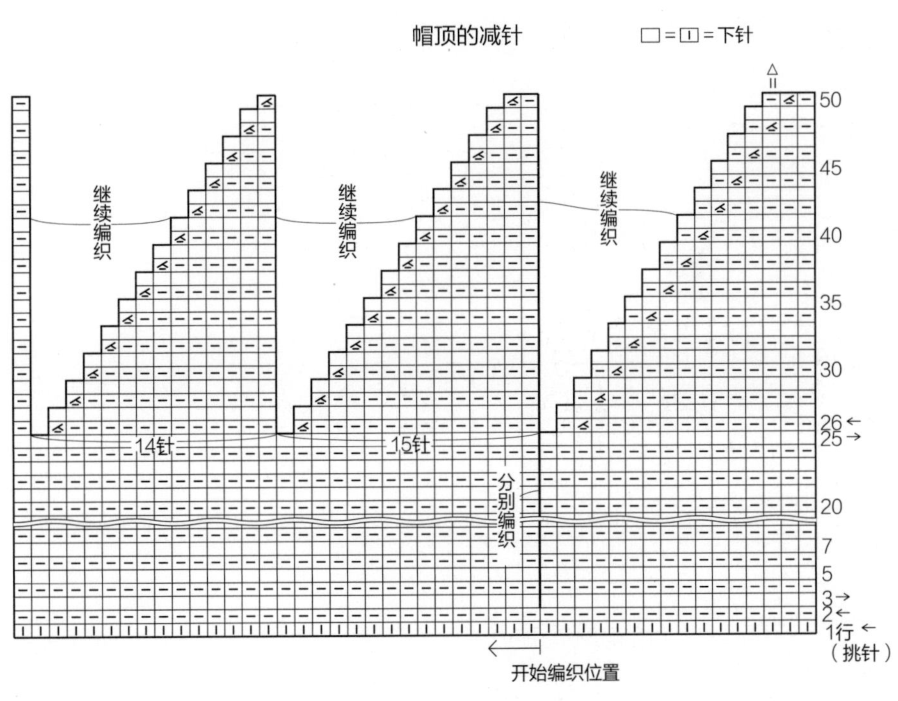

成品 红白相间的连衣裙、帽子和直子玩偶 page 52,53

★玩偶

● 材料

［AVRIL］棉线粉色（60）28g、苹果红（103）5g，亚麻线灰色（14）8g，3mm黑色纽扣2个，8mm白色纽扣1个，刺绣线黑色、白色、红色，填充棉

● 工具 2号针4根

● 密度 下针 25针×38行/10cm²

★连衣裙和帽子

● 材料

［hobbyra hobbyre］羊毛shape系列红色（17）12g、白色（18）10g、3mm红色纽扣1个

● 工具 2/0号钩针

● 密度 长针 32针×16行/10cm²

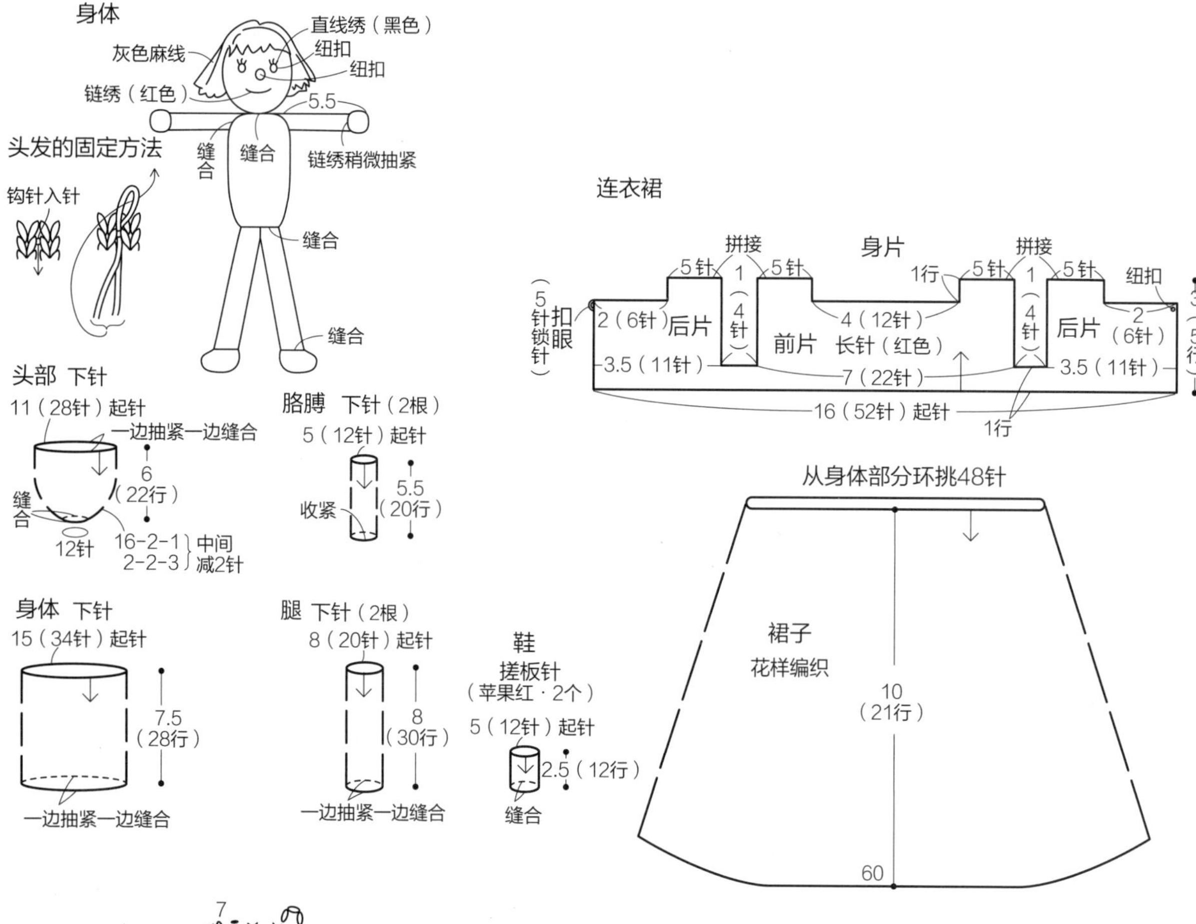

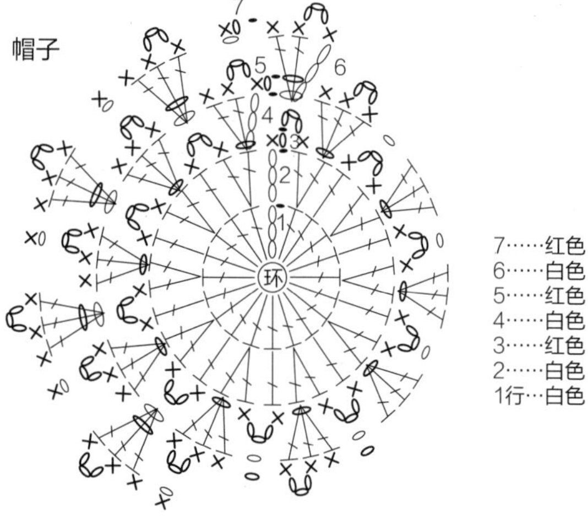

第1行在线圈中入针后编织20针长针

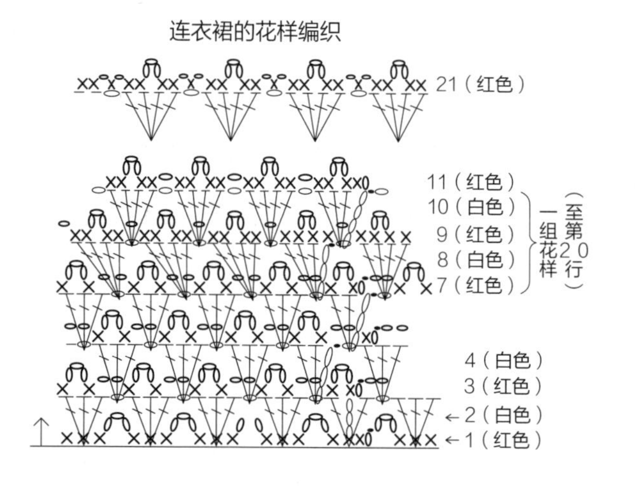

成品 套装和帽子 page 52,53

● 材料

[AVRIL] 棉线苹果红(103)28g

● 工具 2号棒针4根、2/0号钩针

● 密度 搓板针 24针×56行/10cm²

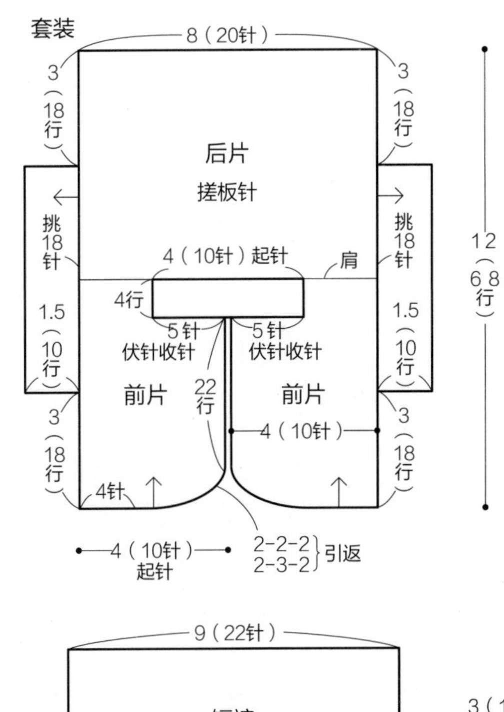

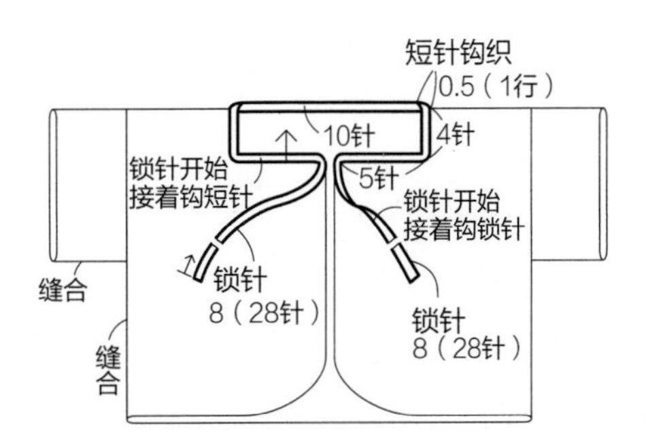

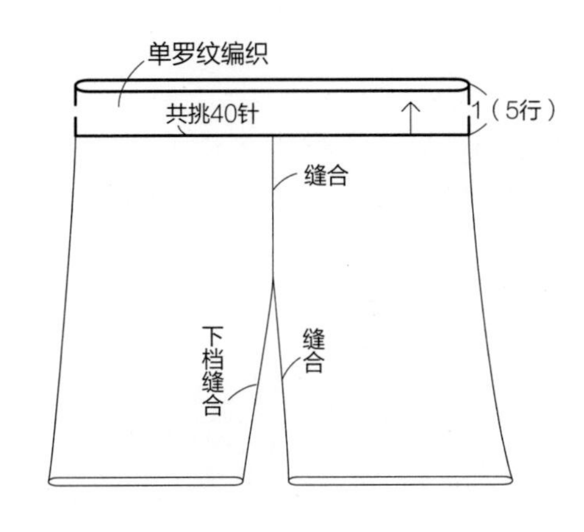

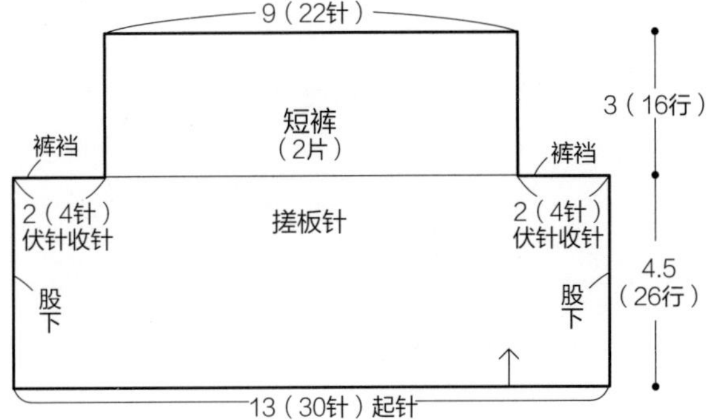

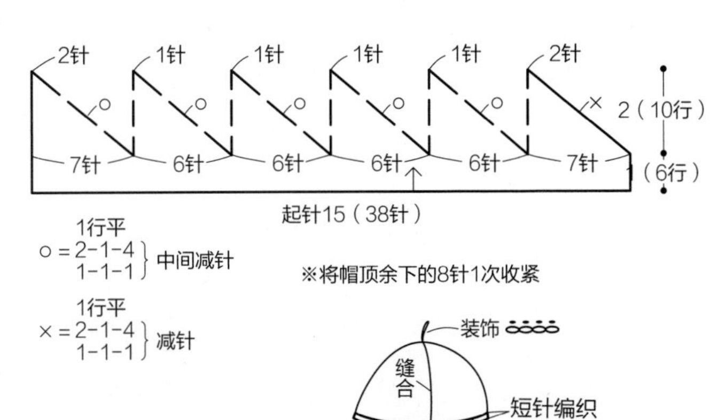

★布短裤

● 材料

小碎花印布15cm×16cm

圆松紧带30cm

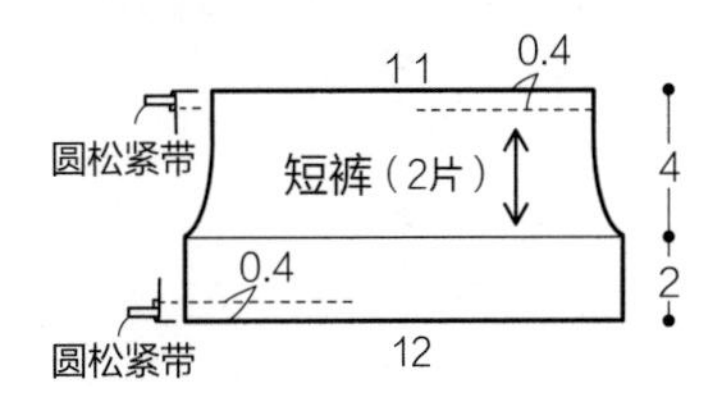

成品 直款缆绳花样手提包 page 56,57

● 材料

［AVRIL］waffle的牛奶色（01）218g

里布　水玉布　50cm×70cm

里布黏合衬　中厚黏合衬50cm×70cm

［闪电］竹制提手口金　约27cm×9cm的一个（BK2702）

● 工具

9号棒针、4/0号钩针

● 尺寸

20针×26行/10cm^2

● 制作方法

① 编织外袋。

② 制作内袋。

③ 组合内外袋。

④ 安装口金。

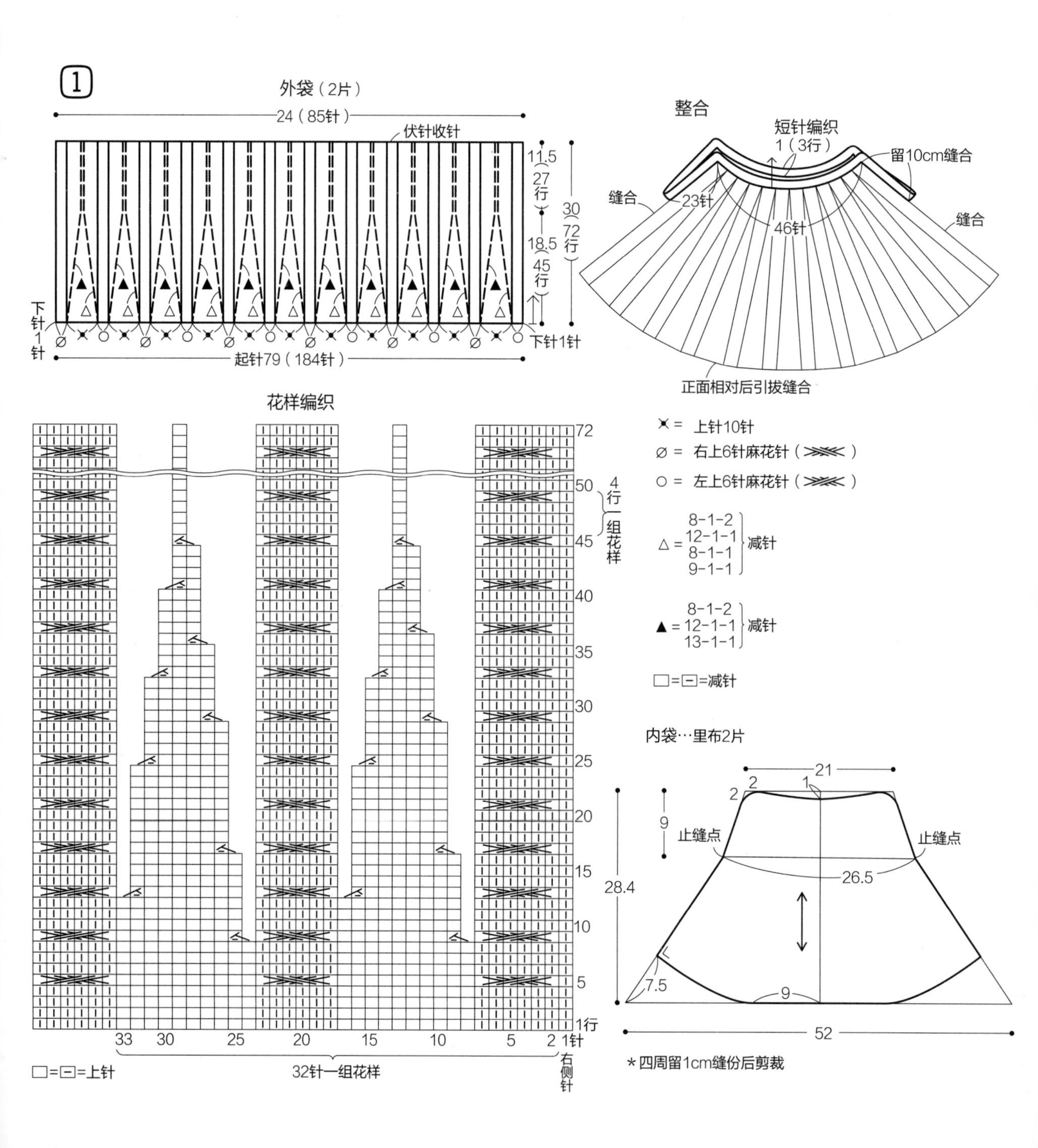

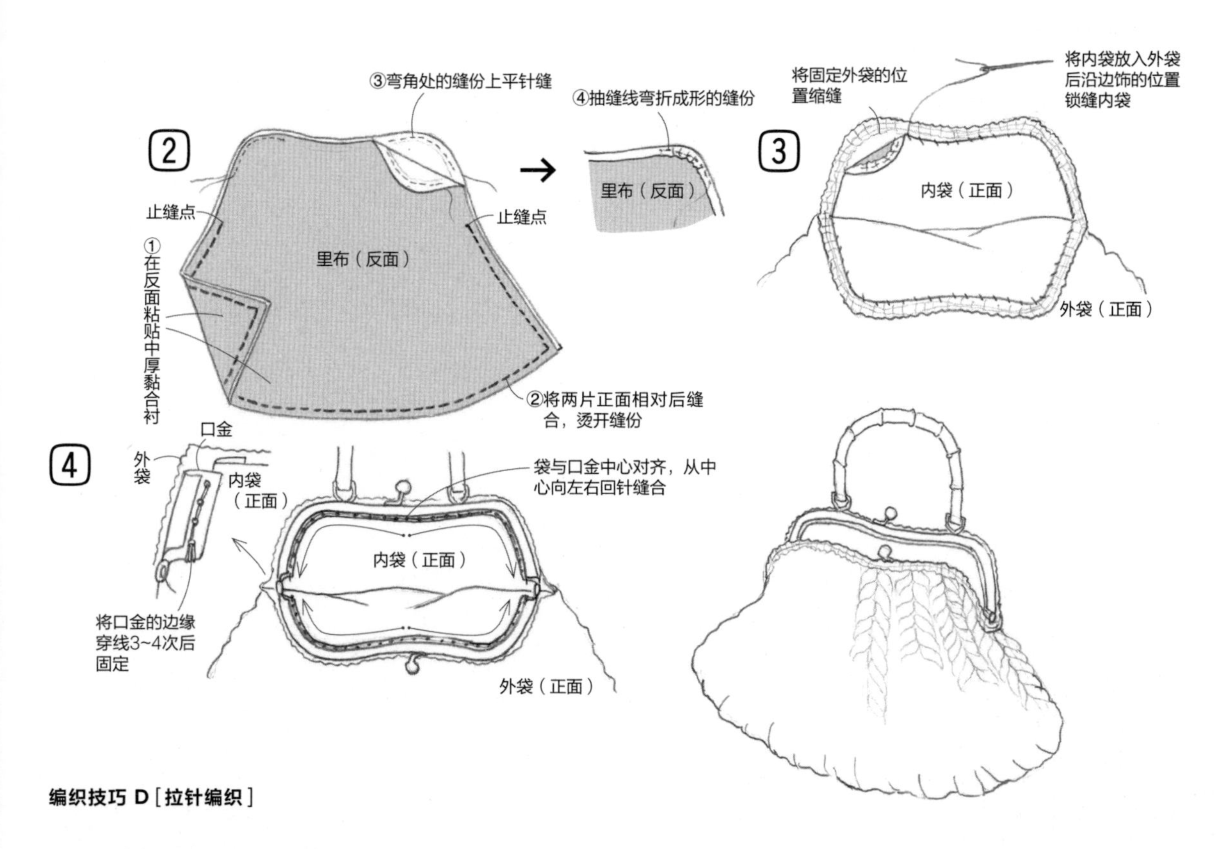

编织技巧 D［拉针编织］

成品 拉针格子花样背包 page 62,63

材料

［AVRIL］Natural cover茶色（6）49g、cross bred羊毛系列深灰色（7）、卡其色（9）各15g

里布 水玉亚麻70cm×40cm

里布黏合衬 中厚黏合衬70cm×40cm、毛衬60cm×30cm

［闪电］木制提手 18cm×21cm的1组（PM-73）

工具

4号棒针、3/0号钩针

密度

24针×40行/10cm^2

制作方法

① 编织外袋。

② 内袋粘贴黏合衬、组合内外袋。

③ 编织穿提手部分，固定提手。

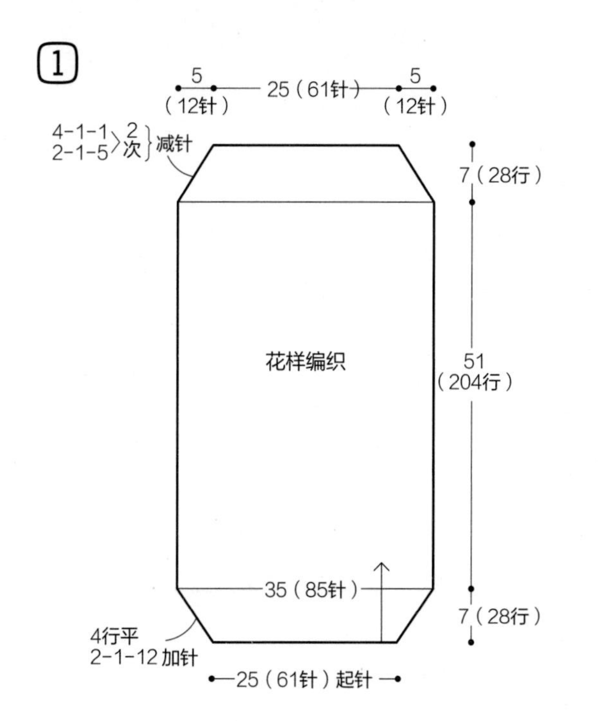

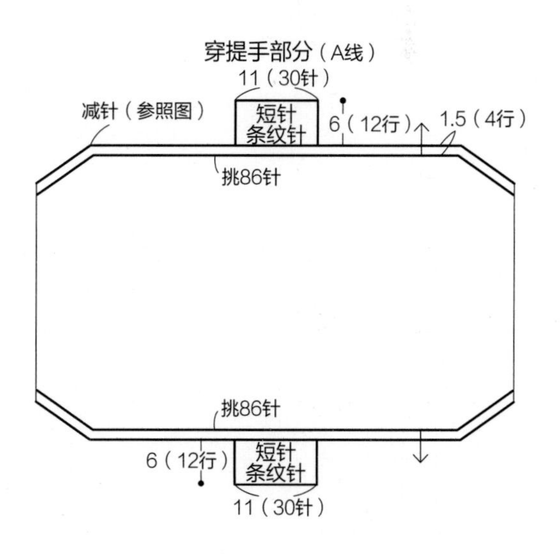

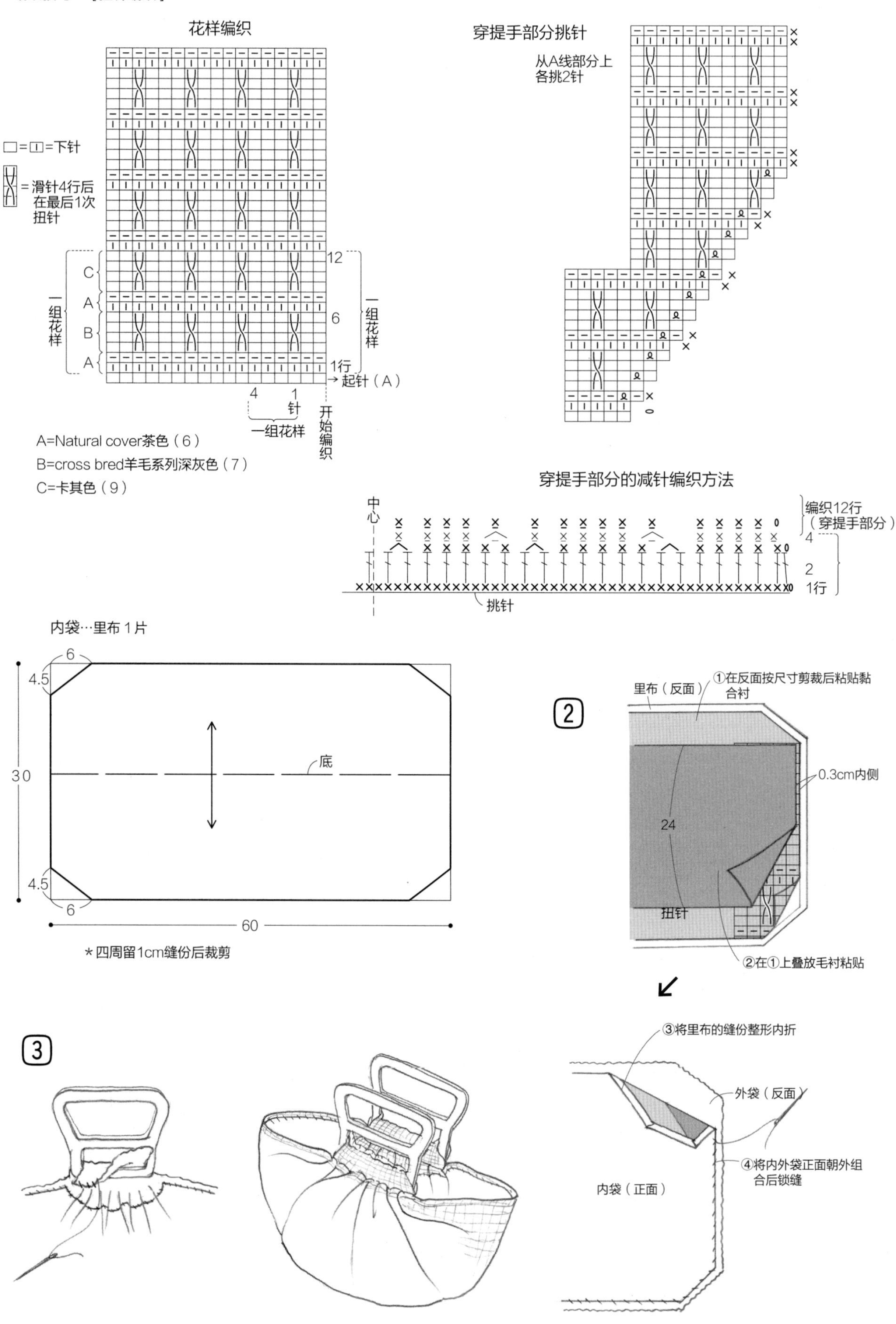
花样编织
□=□=下针
=滑针4行后在最后1次扭针
一组花样
C
A
B
A
12
6
1行
起针（A）
4
1针
一组花样
开始编织
A=Natural cover茶色（6）
B=cross bred羊毛系列深灰色（7）
C=卡其色（9）
穿提手部分挑针
从A线部分上各挑2针
穿提手部分的减针编织方法
中心
编织12行（穿提手部分）
4
2
1行
挑针
内袋…里布1片
6
4.5
30
底
4.5
6
60
＊四周留1cm缝份后裁剪
2
里布（反面）
①在反面按尺寸剪裁后粘贴黏合衬
0.3cm内侧
24
扭针
②在①上叠放毛衬粘贴
3
③将里布的缝份整形内折
外袋（反面）
④将内外袋正面朝外组合后锁缝
内袋（正面）

成品 缆绳钻石花样手提包 page 58,59

● 材料

［TEORIYA］羊毛N系列白色（29）260g、
［DMC］Cebelia系列BLANC（10）18g
里布　棉布印花60cm×80cm
里布黏合衬　中厚黏合衬60cm×80cm
提手用表布　麻布10cm×35cm
提手用拼布　牛仔布10cm×30cm
提手用黏合衬　厚黏合衬5cm×30cm
白贝形吊扣　2.8cm×2cm的椭圆形的4个
填充棉　少量

● 工具

4号棒针、2/0号钩针、2号蕾丝针（Cebelia）

● 尺寸

30针×36行/10cm²

● 制作方法

① 编织外袋。
② 制作内袋。
③ 组合内外袋，边饰的6行内折锁缝。
④ 制作提手。
⑤ 固定提手后完成。

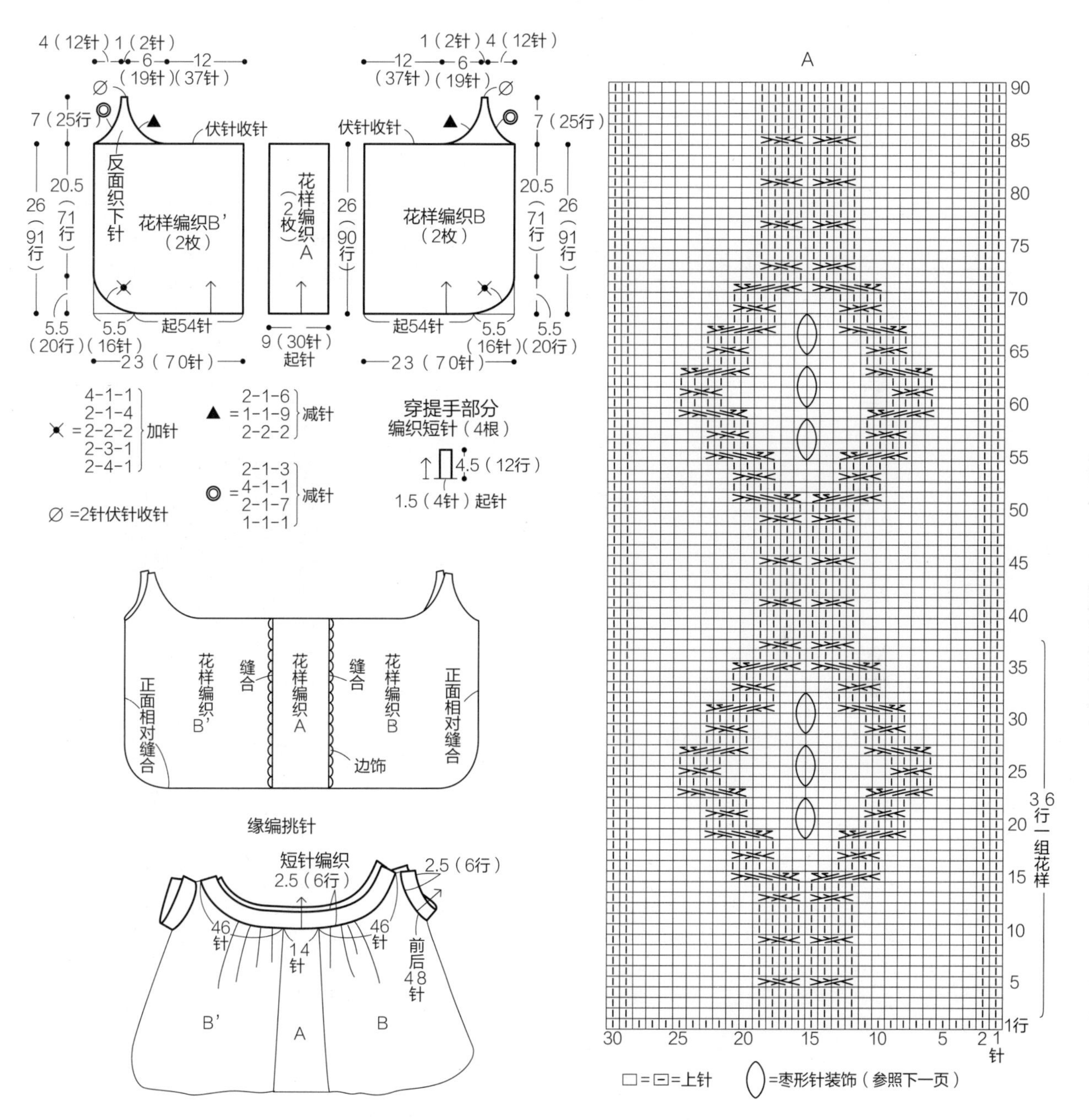

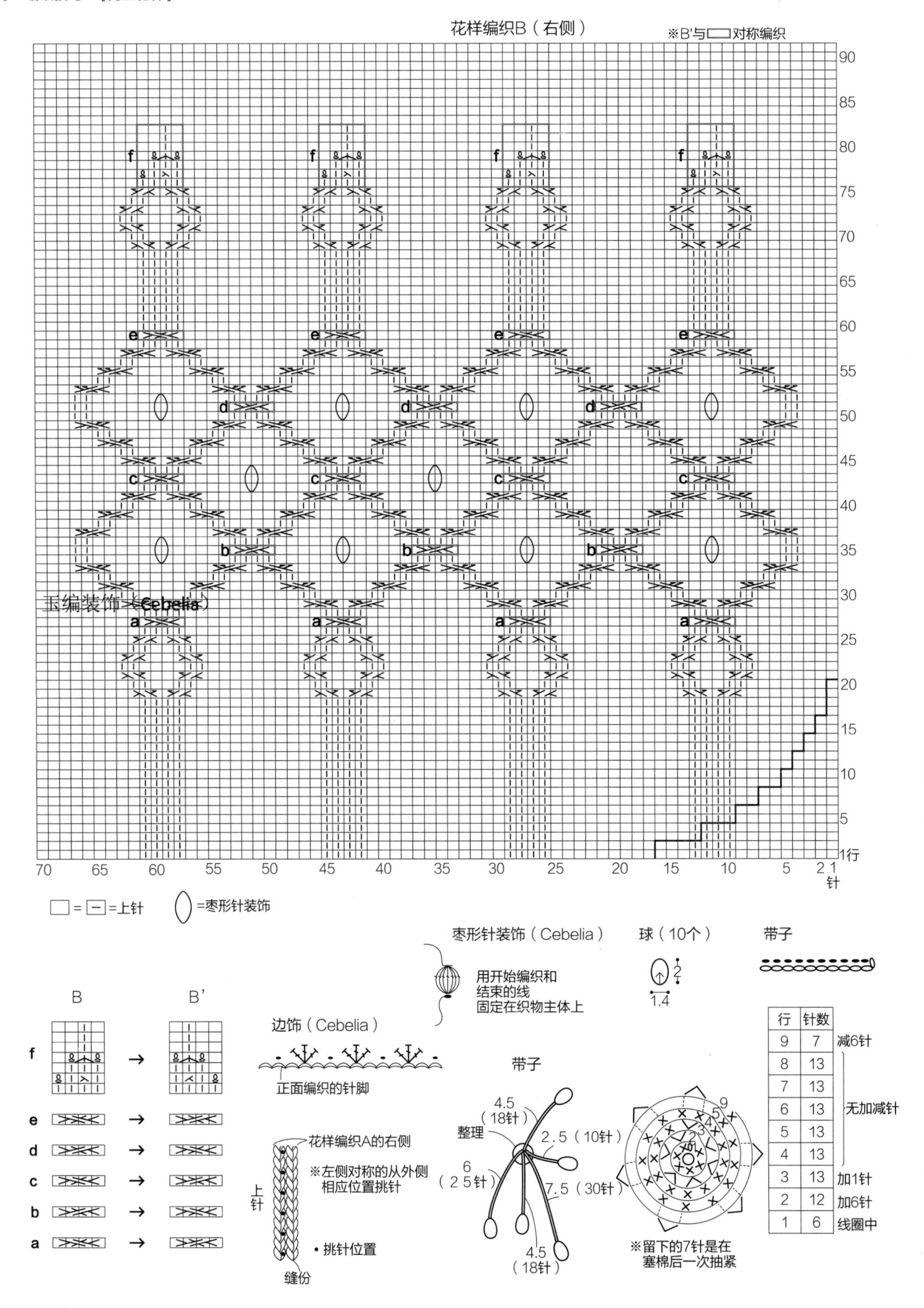

行	针数	
9	7	减6针
8	13	无加减针
7	13	
6	13	
5	13	
4	13	
3	13	加1针
2	12	加6针
1	6	线圈中

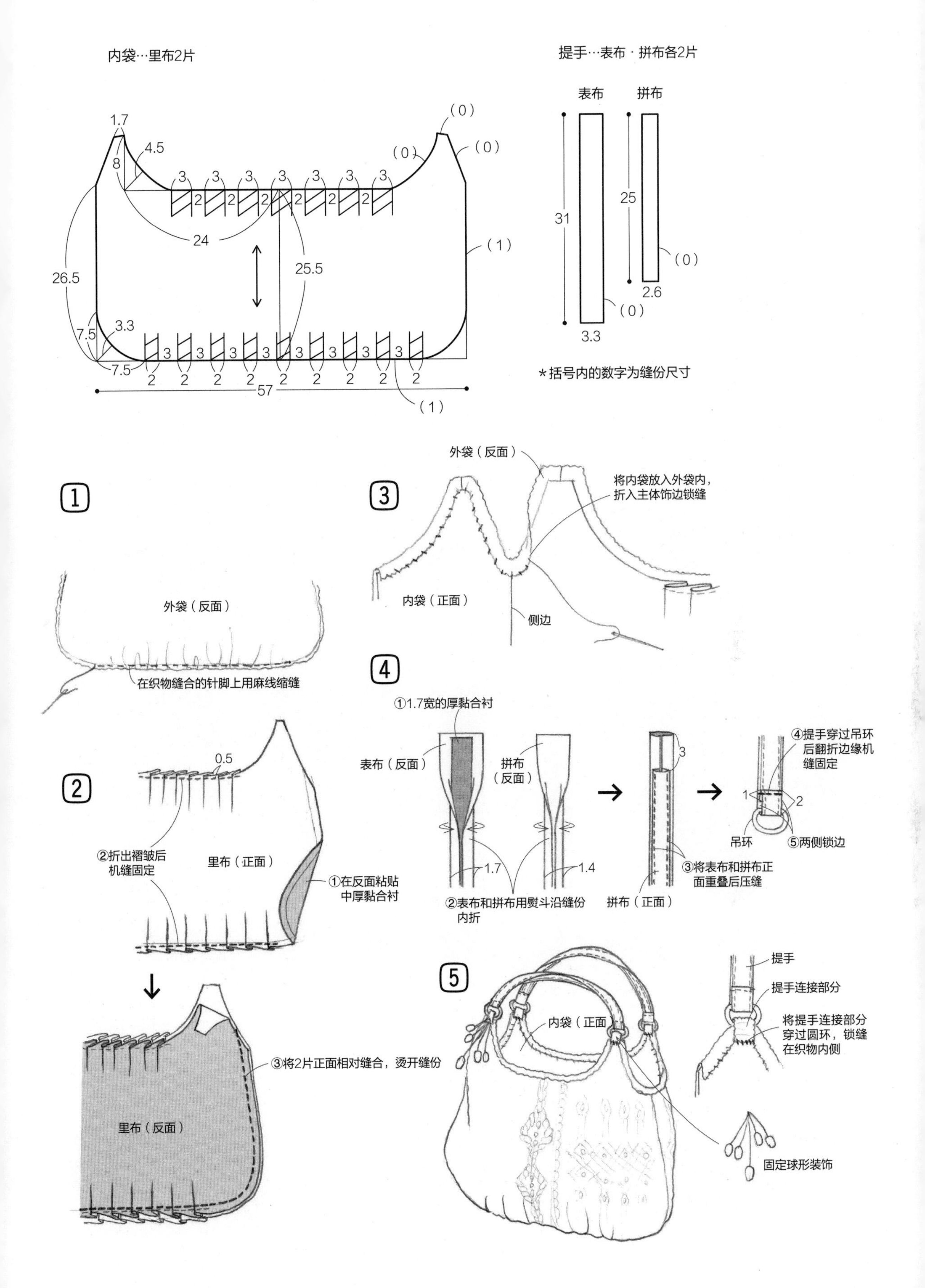
内袋…里布2片
1.7
4.5
8
(0)
(0)
(0)
3
2
24
25.5
26.5
(1)
7.5
3.3
7.5
57
(1)
提手…表布 · 拼布各2片
表布
拼布
31
25
(0)
2.6
(0)
3.3
*括号内的数字为缝份尺寸
1
外袋（反面）
在织物缝合的针脚上用麻线缩缝
2
0.5
②折出褶皱后
机缝固定
里布（正面）
①在反面粘贴
中厚黏合衬
③将2片正面相对缝合，烫开缝份
里布（反面）
3
外袋（反面）
将内袋放入外袋内，
折入主体饰边锁缝
内袋（正面）
侧边
4
①1.7宽的厚黏合衬
表布（反面）
拼布
（反面）
1.7
1.4
②表布和拼布用熨斗沿缝份
内折
3
③将表布和拼布正
面重叠后压缝
拼布（正面）
④提手穿过吊环
后翻折边缘机
缝固定
1
2
吊环
⑤两侧锁边
5
内袋（正面）
提手
提手连接部分
将提手连接部分
穿过圆环，锁缝
在织物内侧
固定球形装饰

成品 5款编织花样 page 60,61

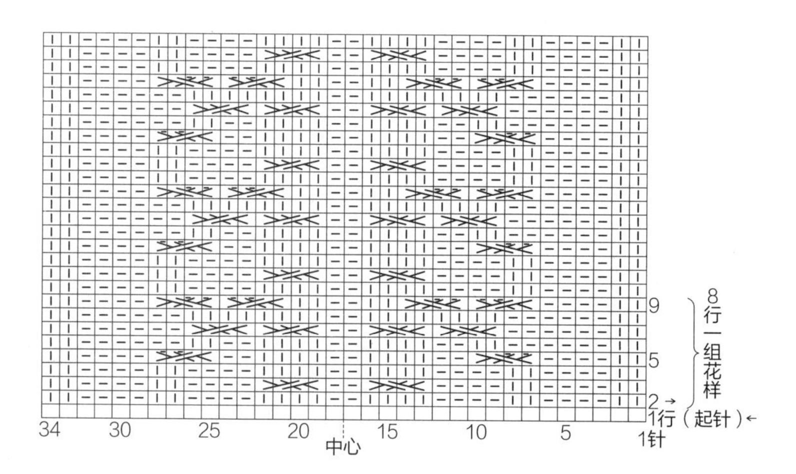

1

材料

中粗毛线浅茶色

工具

4号棒针

5

材料

［TEORIYA］羊毛N原色（29）

工具

3号棒针

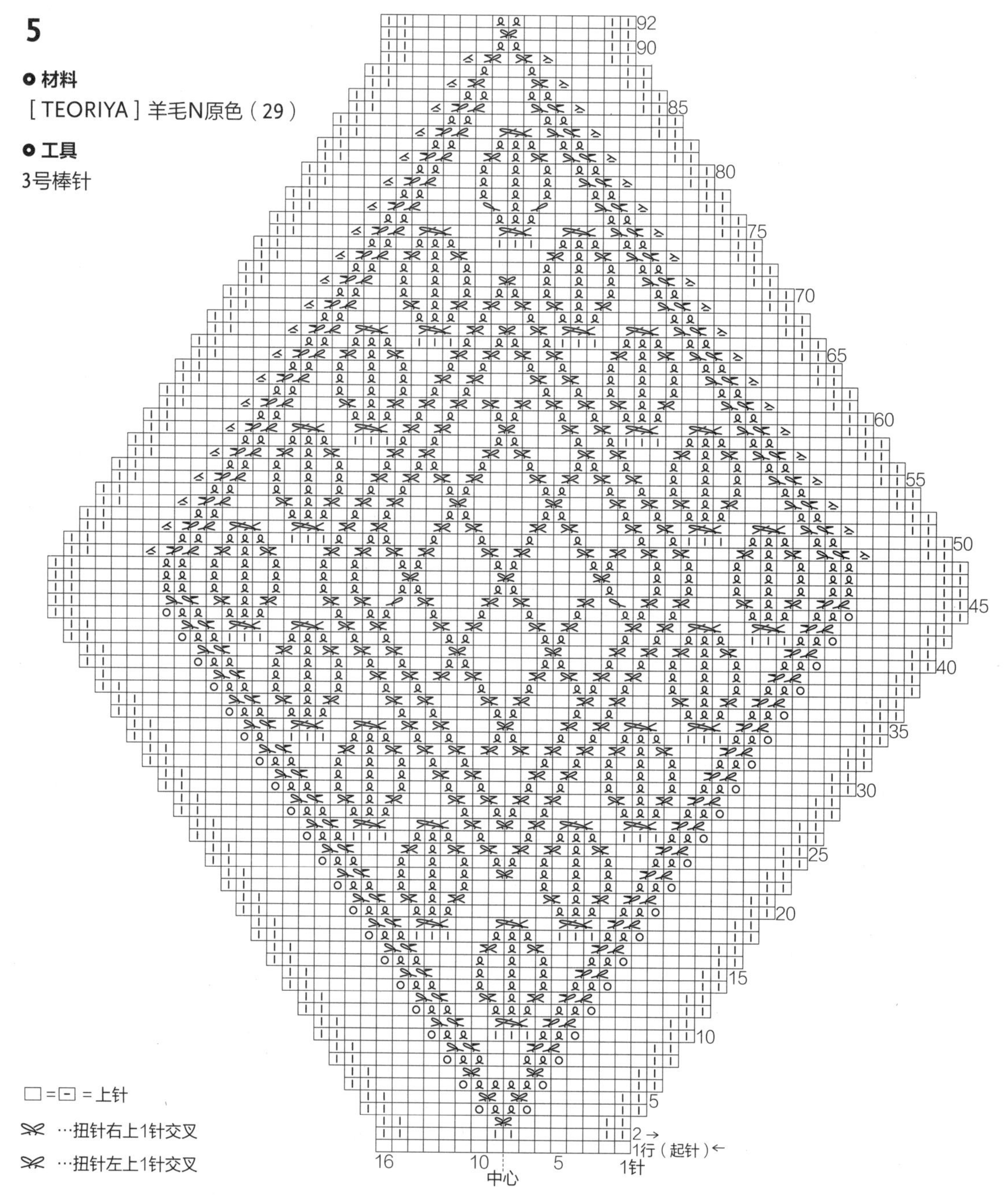

□ = ⊟ = 上针

…扭针右上1针交叉

…扭针左上1针交叉

2

材料

中细毛线灰色

工具

2号棒针

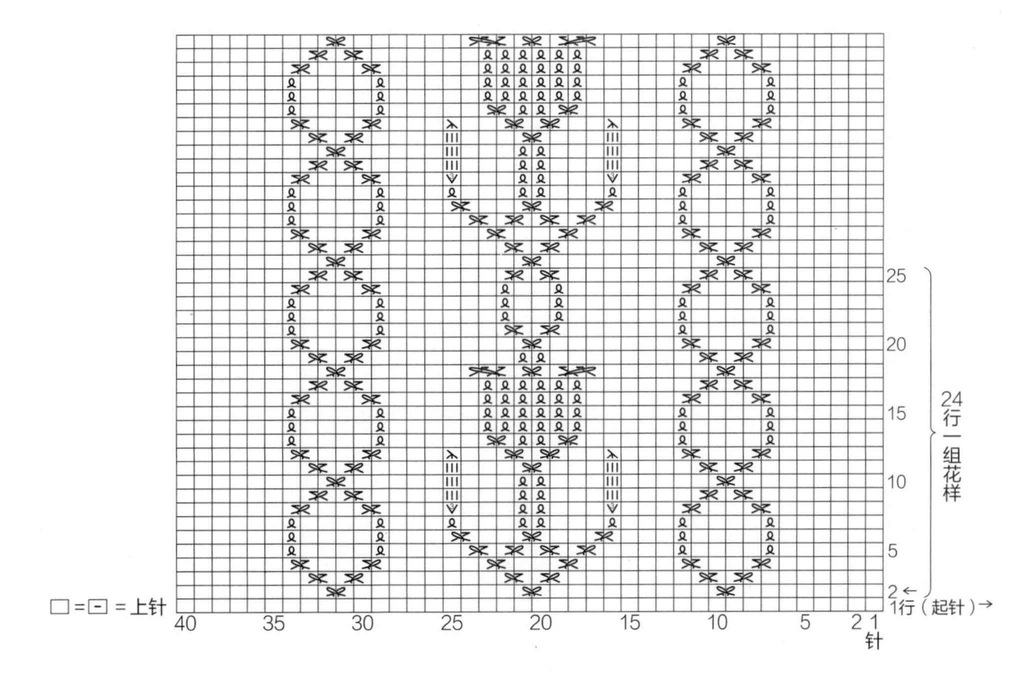

3

材料

中细毛线白色

工具

2号棒针

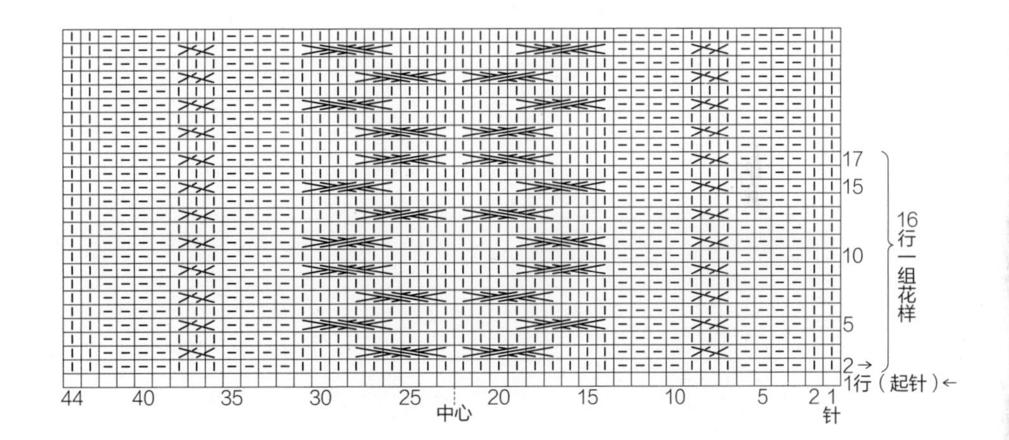

4

材料

中细毛线原色

工具

2号棒针

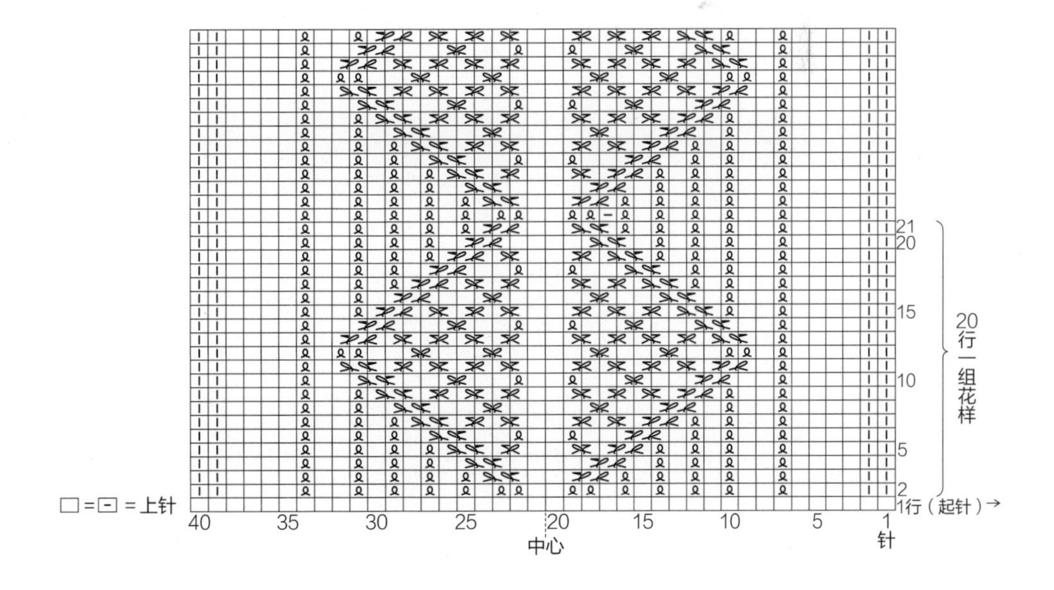

成品 苏格兰格子风背包 page 66,67

材料

［TEORIYA］Moke wool B系列苔藓绿（19）140g、浅绿色（18）80g、棉线黑色（102）、M真丝线蓝色（32）双股

［花片］丝麻原色　各少许

表布　牛仔布20cm×50cm

里布　棉质油画布80cm×60cm

表布用黏合衬　毛衬20cm×50cm

里布黏合衬　中厚黏合衬60cm×60cm

气眼　外径0.8cm的4个

竹结尾扣　长5cm1个

缎带　0.5cm宽的65cm

子母扣　直径2.1cm的1对

工具

4号棒针

密度

花样编织 22针×25行/10cm²

制作方法

① 编织外袋。花样编织后用熨斗整理，再进行针织刺绣。随后将周边卷缝成袋。

② 制作提手。

③ 制作布环。

④ 制作内袋。

⑤ 将提手和布环固定在内袋上。

⑥ 组合内外袋。

⑦ 在提手上穿入缎带。

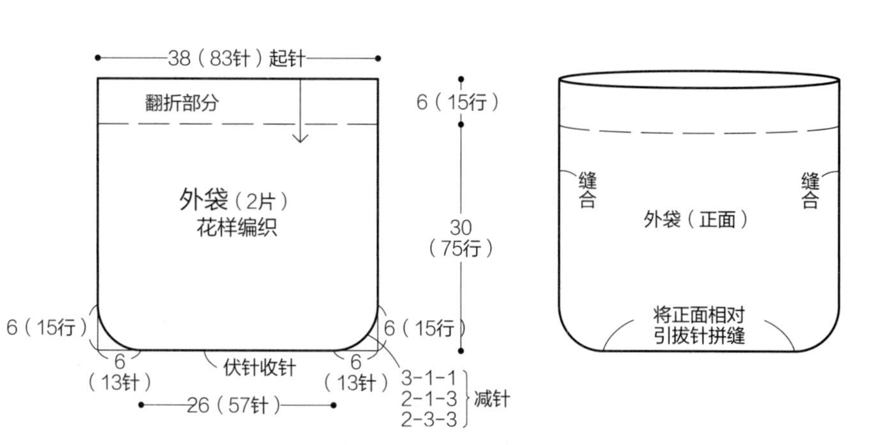

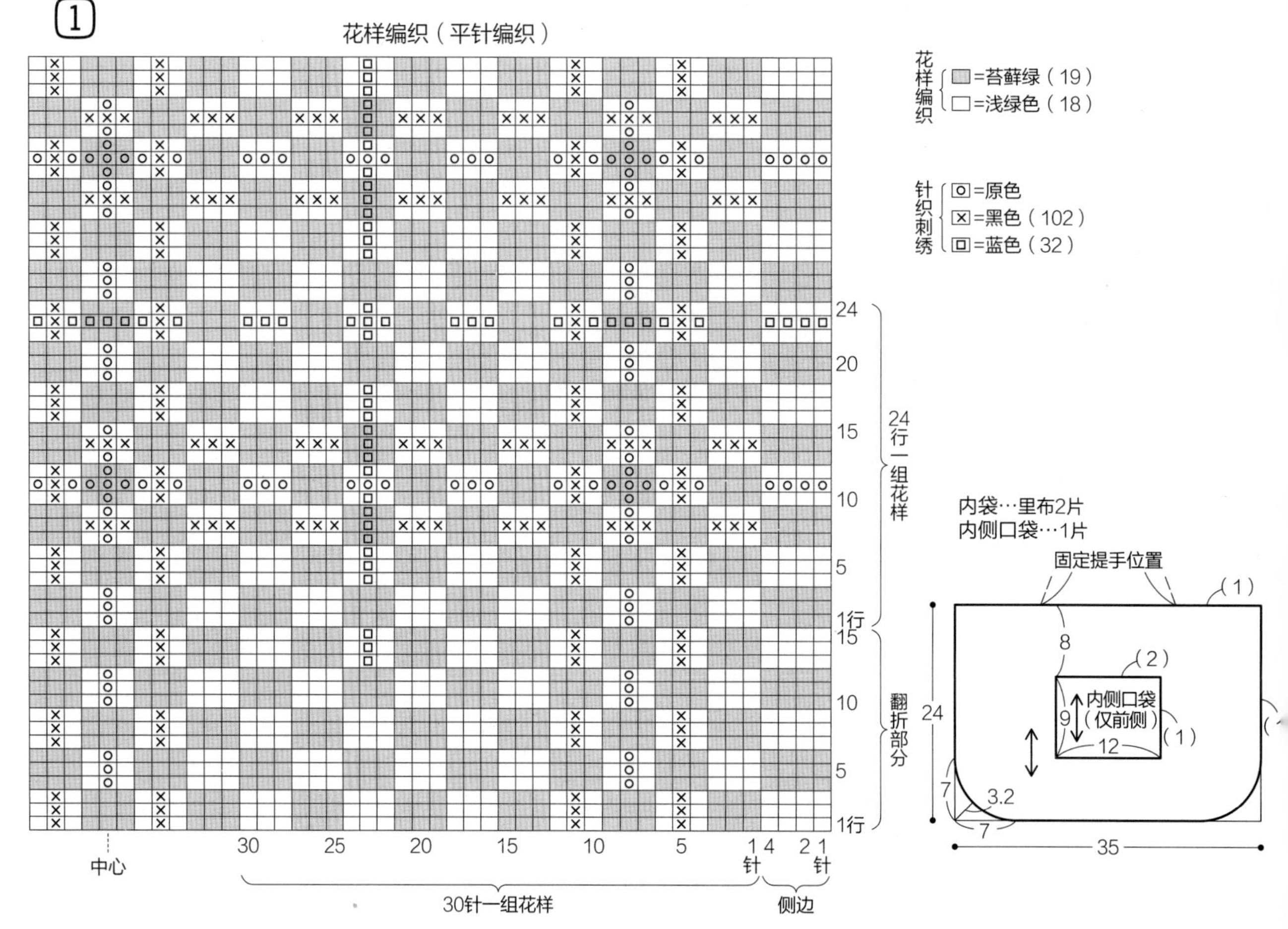

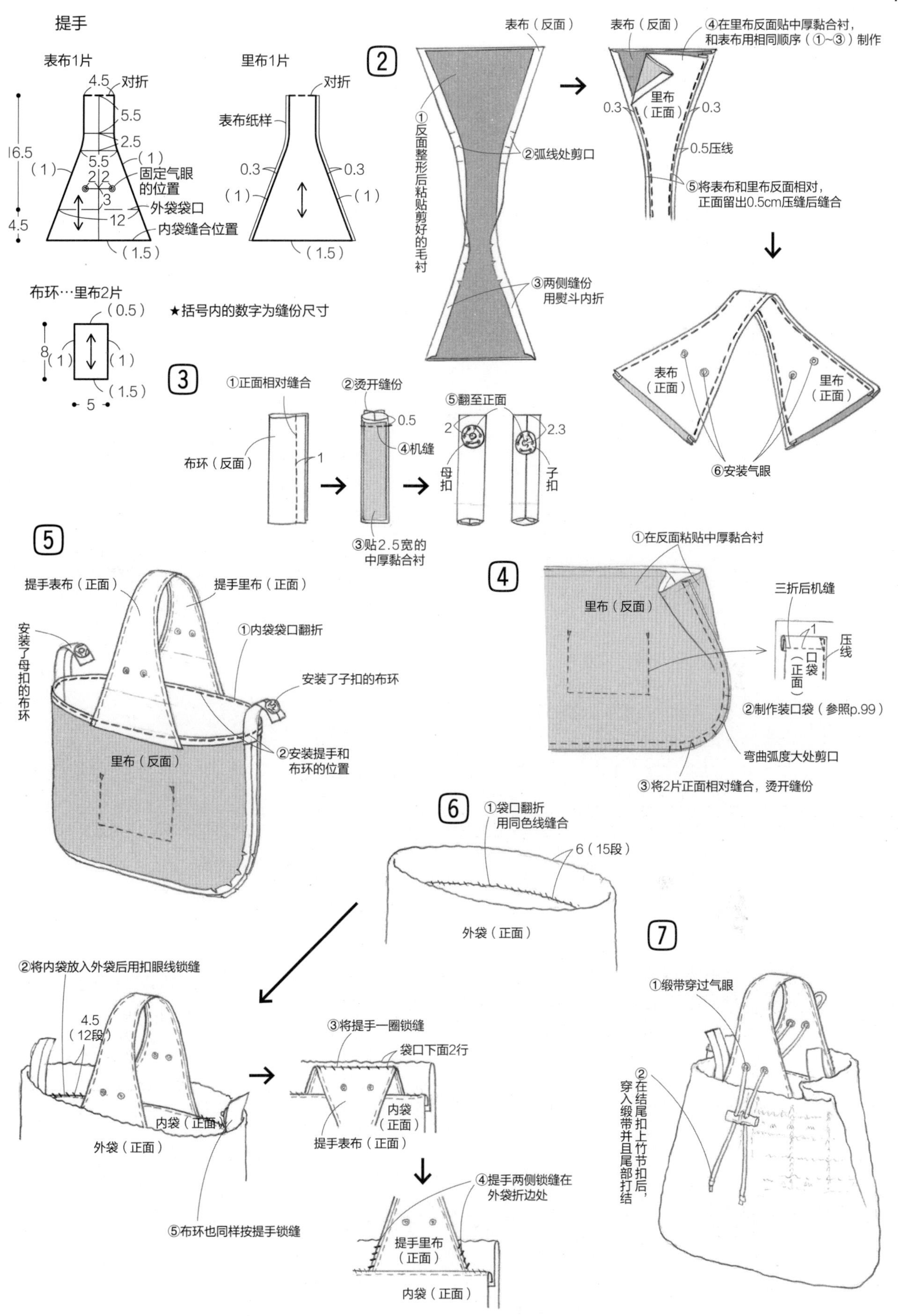
提手
表布1片
里布1片
4.5
对折
5.5
2.5
16.5
(1)
5.5
2 2
3
固定气眼的位置
外袋袋口
12
内袋缝合位置
4.5
(1.5)
表布纸样
0.3
布环…里布2片
(0.5)
8
(1)
(1.5)
5
★括号内的数字为缝份尺寸
2
表布(反面)
①反面整形后粘贴剪好的毛衬
②弧线处剪口
③两侧缝份用熨斗内折
④在里布反面贴中厚黏合衬，和表布用相同顺序(①~③)制作
里布(正面)
0.5压线
⑤将表布和里布反面相对，正面留出0.5cm压缝后缝合
表布(正面)
⑥安装气眼
3
①正面相对缝合
②烫开缝份
0.5
④机缝
布环(反面)
1
③贴2.5宽的中厚黏合衬
⑤翻至正面
2
2.3
母扣
子扣
5
提手表布(正面)
提手里布(正面)
①内袋袋口翻折
安装了母扣的布环
安装了子扣的布环
②安装提手和布环的位置
里布(反面)
4
①在反面粘贴中厚黏合衬
三折后机缝
压线
口袋(正面)
②制作装口袋(参照p.99)
弯曲弧度大处剪口
③将2片正面相对缝合，烫开缝份
6
①袋口翻折
用同色线缝合
6(15段)
外袋(正面)
7
②将内袋放入外袋后用扣眼线锁缝
4.5
(12段)
内袋(正面)
③将提手一圈锁缝
袋口下面2行
提手表布(正面)
④提手两侧锁缝在外袋折边处
⑤布环也同样按提手锁缝
提手里布(正面)
①缎带穿过气眼
②在结尾扣上竹节扣后，穿入缎带并且尾部打结

成品 4 款编织花样 page 64,65

1 **材料** ［TEORIYA］Moke wool A蓝色（20）、茶色（02）

工具 4号棒针

A = 蓝色
B = 茶色

10 8 5 2 1行→ A B 8行一组花样
20 15 10 3 1针 （起针）
一组花样

2 **材料** ［keito］Tosh Merino Light系列绿色、［町田丝店］White Lane16/3、［AVRIL］棉线奶油色

工具 4号棒针

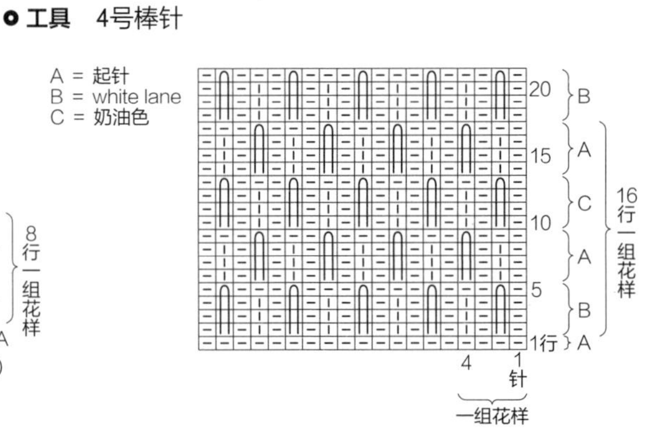

3 **材料** ［DMC］woolly的米黄色（03）、红色（051）

工具 2号棒针

A = 米黄色
B = 红色

8 5 1行 B A B A 8行一组花样
2 1 针
一组花样

4 **材料** 中细毛线黑色、米白色

工具 2号棒针

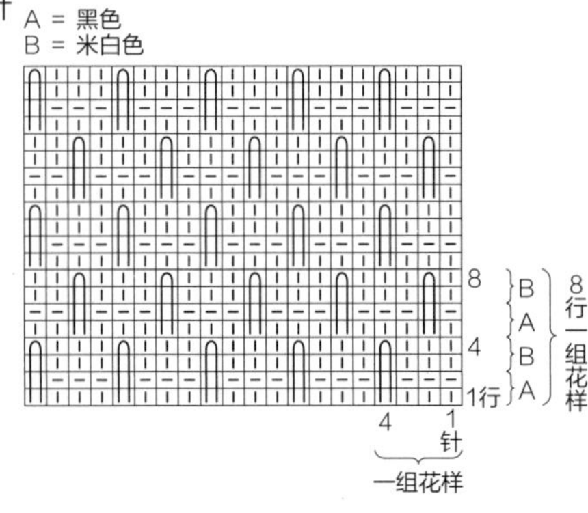

编织技巧 F［费尔岛花样］

成品 5 款编织花样 page 72,73

3 **材料**

［TEORIYA原生棉线系列米白色（136）、浅茶色（116）、灰色（103）、橙色（108）、浅绿色（122）、原生羊毛系列砖红色（213）、Moke wool A的金茶色（02）

工具 2号棒针

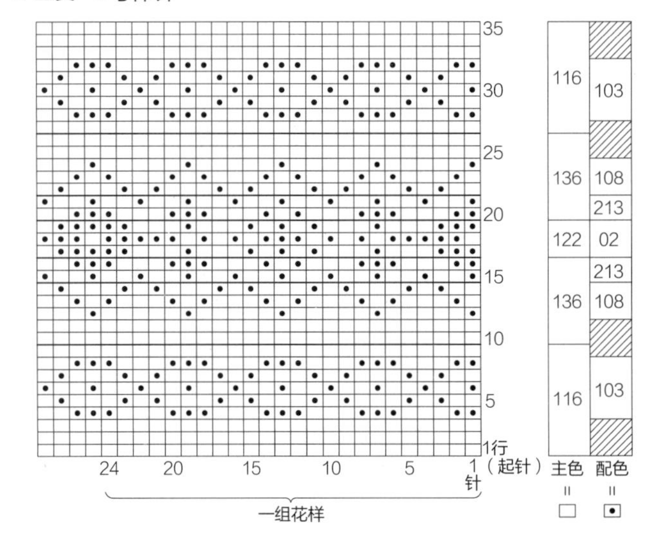

5 **材料**

［TEORIYA］Moke wool A系列米白色（13）、蓝色（20）、浅青绿色（18）、黑灰色（16）、金茶色（02）、原生棉线系列绿色（124）

工具 2号棒针

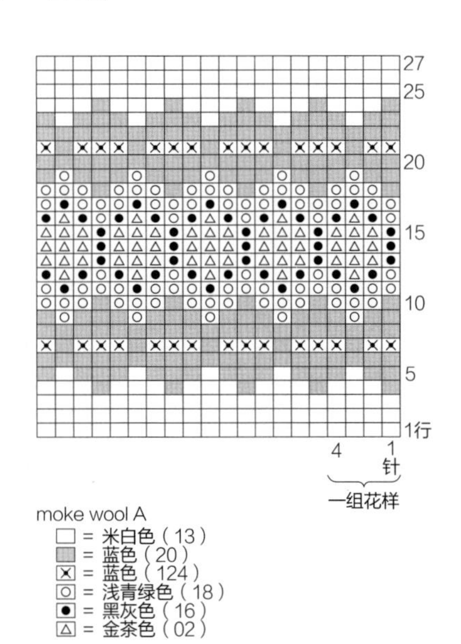

1 **材料**

[TEORIYA] Moke wool A系列米白色（02）、原生羊毛砖红色（213）

工具 2号棒针

moke wool A
□ = 米白色（02）
原生羊毛
☒ = 砖红色（213）

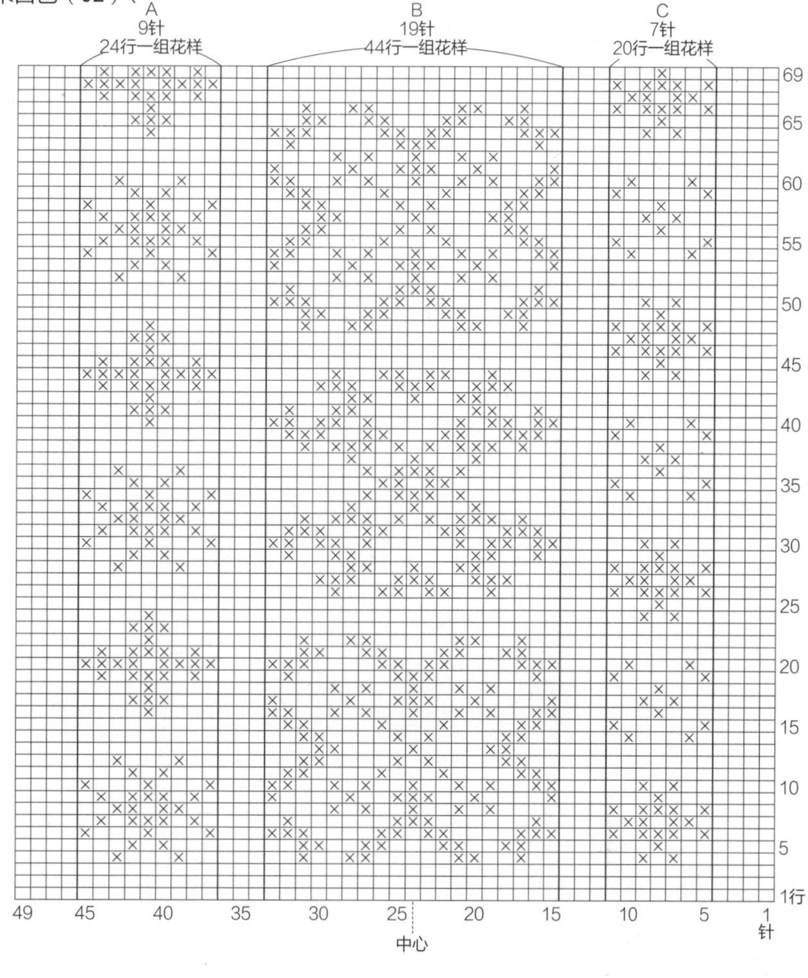

2 **材料**

[TEORIYA] Moke wool A深蓝色（27）、米白色（13）

工具 2号棒针

moke wool
▩ = 深蓝色（27）
☒ = 米白色（13）

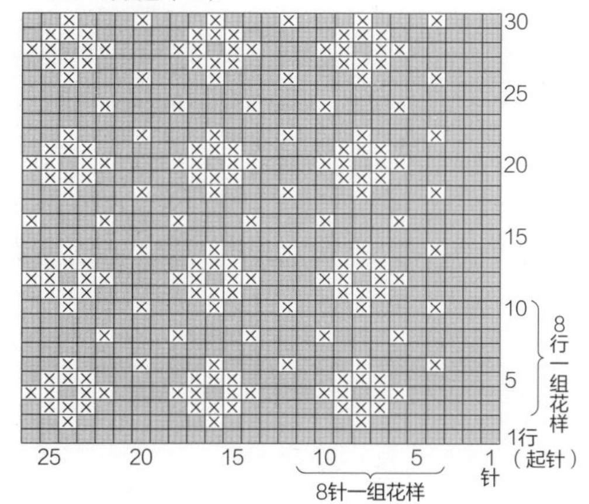

4 **材料**

[TEORIYA] 原生棉质系列紫色（138）、黑色（102）、Moke wool A系列浅青绿色（18）

工具 2号棒针

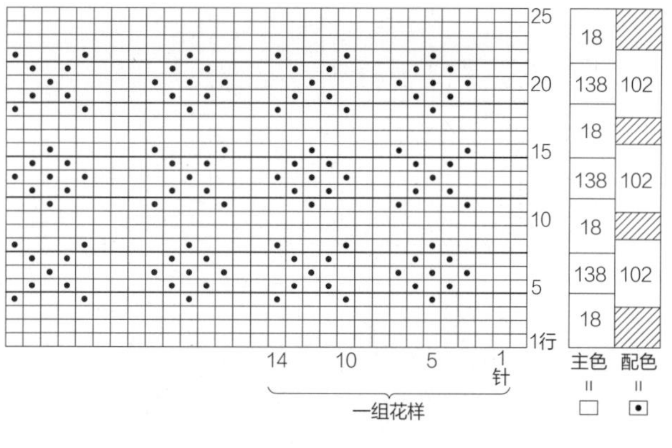

成品 4 款编织花样 page 68,69

1

材料

[TEORIYA] 棉线米白色（136）、原生羊毛系列深蓝色（31）、M真丝线系列橙色（22）、Moke wool A系列青绿色（20）

[AVRIL] 生丝5原色、spec蓝色（1448）

工具 3号棒针

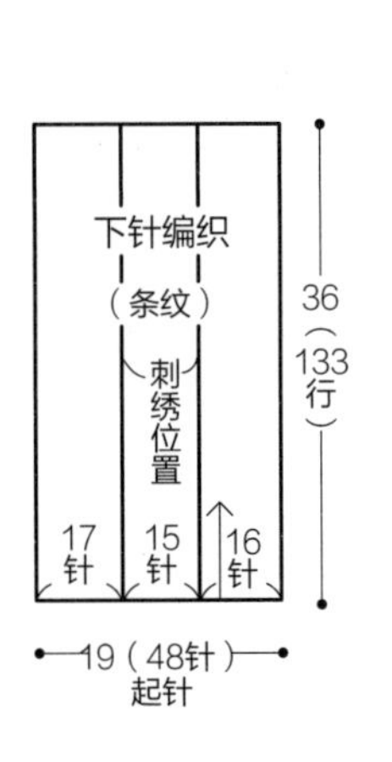

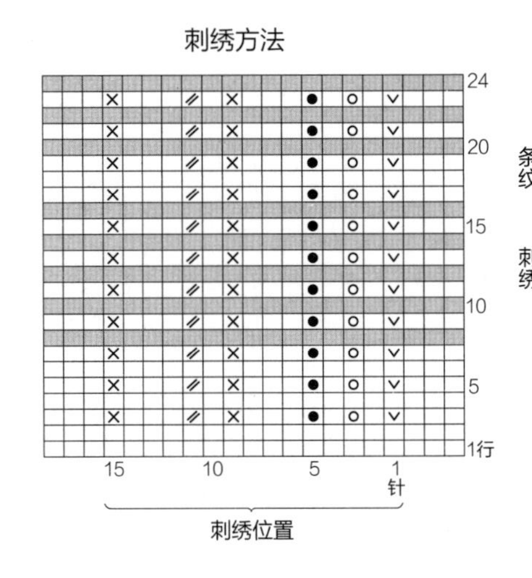

条纹 □=米白 ▨=配色

刺绣 ⌵=原色 ○=深蓝 ●=橙色 ×=蓝色 ⫽=青蓝色

刺绣是隔行绣下针

条纹编织方法

颜色	行数
深蓝色	1
米白色	1
青绿色	1
米白色	3
蓝色	1
米白色	1
蓝色	1
米白色	1
深蓝色	1
米白色	1
蓝色	1
米白色	1
青绿色	1
米白色	1
蓝色	1
米白色	1
深蓝色	1
米白色	1
蓝色	1
米白色	1
蓝色	1
米白色	3
青绿色	1
米白色	1
深蓝色	1
米白色	1
橙色	1
米白色	1
深蓝色	1
米白色	1
原色	1
米白色	7

42行反复

3

材料

[AVRIL] 满天星 II系列黑色（10）、朗姆麻系列白色（10）各取1根 =A系、朗姆麻系列黑灰色（12）=B系、风筝线2号

工具 3号棒针、2/0号钩针

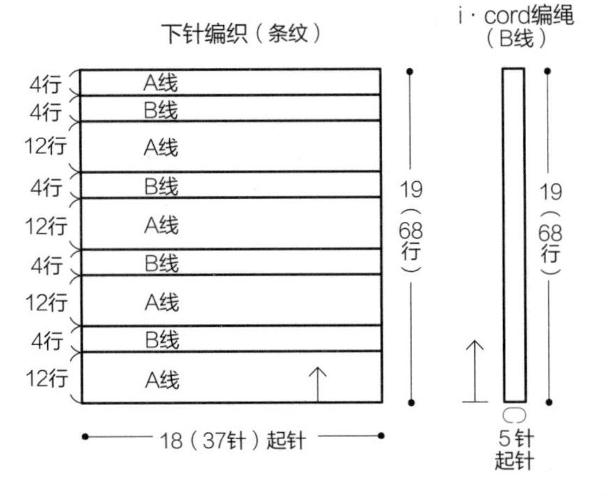

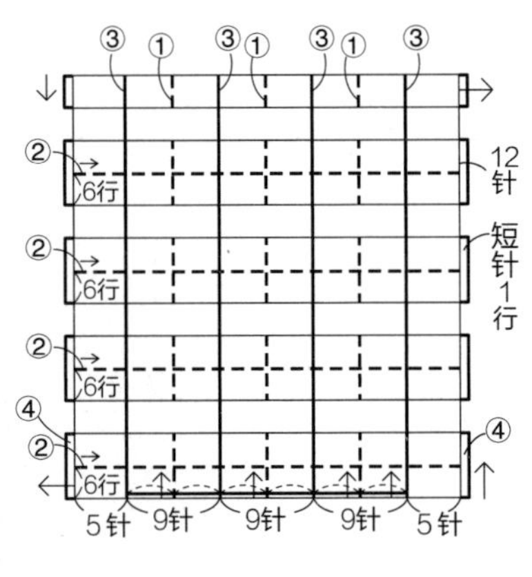

① 用风筝线纵向编织短针（暂将B色部分留长线剪断，穿入针脚，将休线从织物反面穿过，在下个位置出针）从每行第5针外侧半针挑针。

② 用风筝线横向编织短针第7行要一针一针地挑针。

③ 编织后缝合。

④ 用风筝线在两侧编织短针（跳过B色部分）。

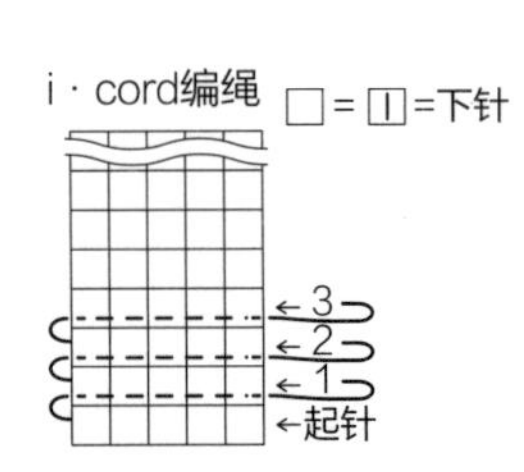

i · cord绳编法

用双头直针起5针移到右侧，线从后侧返回正面编织1行。再重复“从编织物右侧将线从后侧拉出返回正面编织1行”的过程。

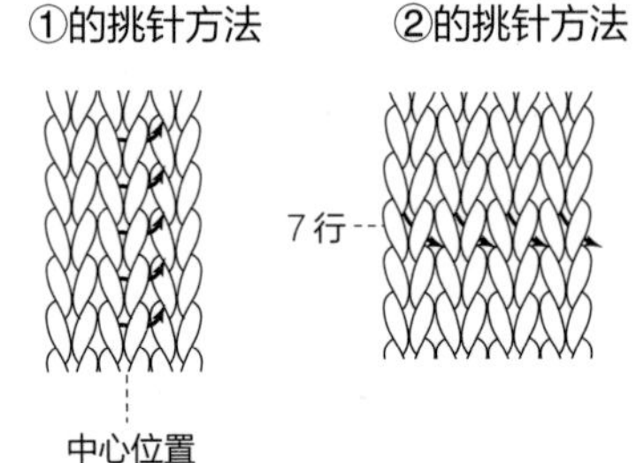

③的固定方法

i · cord编绳

4针 1针

缝合

安装位置

2

○ 材料

[TEORIYA] M真丝线系列茶色（19）（3股线）、[花片] 真丝棉米白色（2）、
[DMC] 刺绣系列Letol Mat系列黑色（2172）、黄绿色（2471）

○ 工具 2号棒针

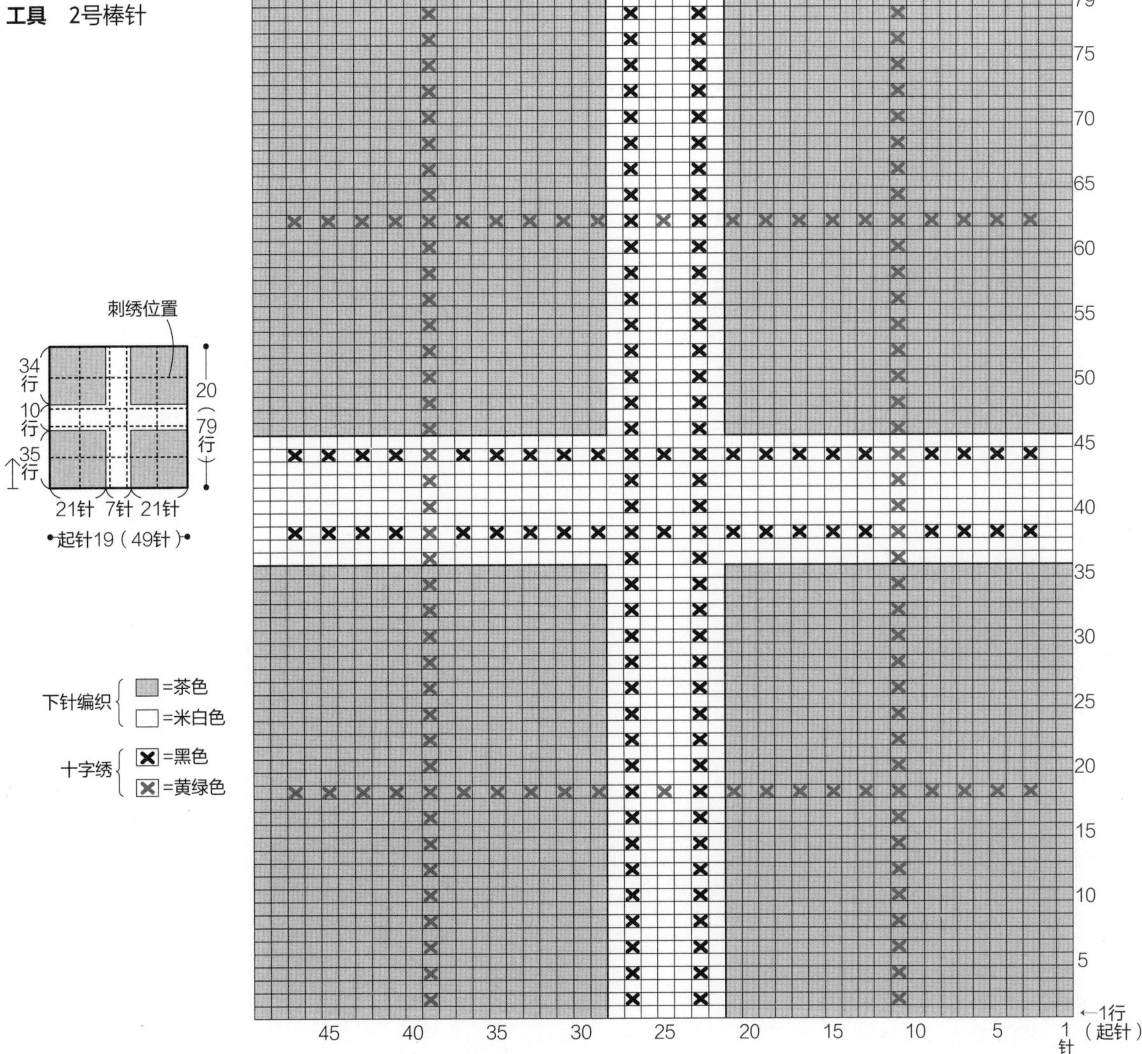

4

○ 材料

[Puppy] Rowan夏日粗花尼系列茶色（530）、
[TEORIYA] M真丝线系列绿色（16）、
米白色（14）、深灰色（7）
[花片] mogol系绿色

○ 工具 3号棒针

A=茶色
B=绿色
C=混色

9针=×
8针=△

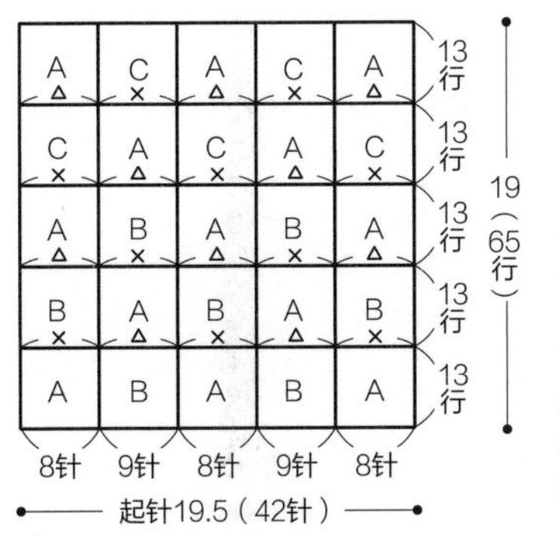

花样编织（下针编织）

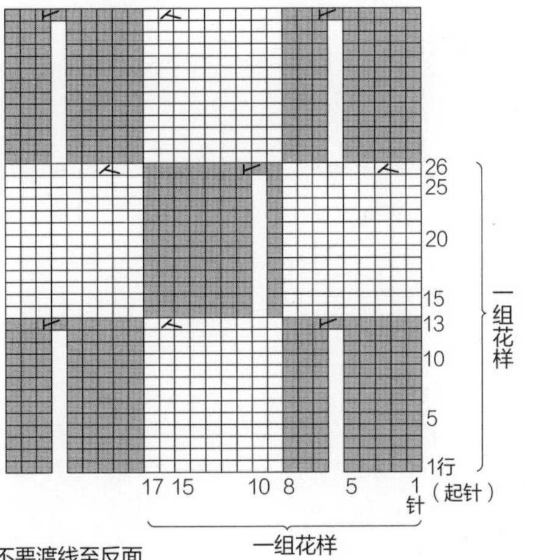

=A（茶色） =B或者C

刺绣位置

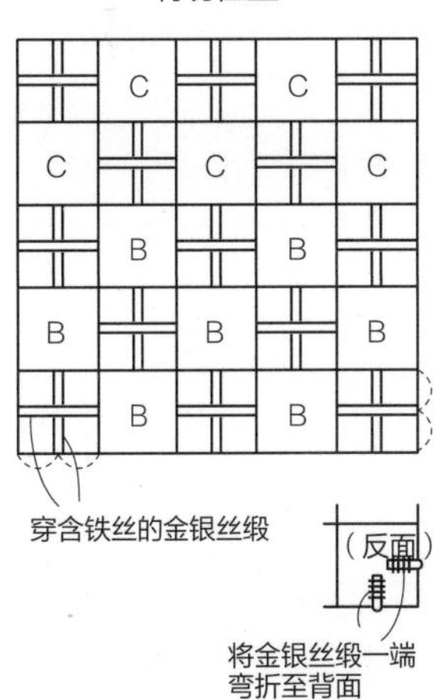

成品 费尔岛花样背包 page 70,71

● 材料

[TEORIYA] 原生羊毛砖红色（425）27g、深蓝（107）8g、浅灰色（105）10g、蓝色（109）4g、Moke wool A米白色（13）5g、黑灰色（30）4g、原生棉系列黑色（102）7g、淡蓝色（104）4g

表布 棉帆布80cm×40cm

拼布 牛仔布70cm×110cm

表布用黏合衬 中厚黏合衬80cm×40cm

拼布用黏合衬 薄黏合衬60cm×100cm

内袋袋口用黏合衬 毛毡黏合衬34cm×6cm2片

提手用黏合衬 毛衬2.5cm×104.5cm的2片、定型条1.2cm宽的47cm的2片

底板 塑料板21cm×12cm的1片

● 工具 2号棒针

● 密度 30针×48行/10cm^2

● 制作方法

① 编织提花带。
② 将织带固定在表布上。
③ 制作提手并固定。
④ 缝合表布和拼布，缝制侧面、底部侧边布，制作外袋。
⑤ 制作内袋。
⑥ 组合内外袋。

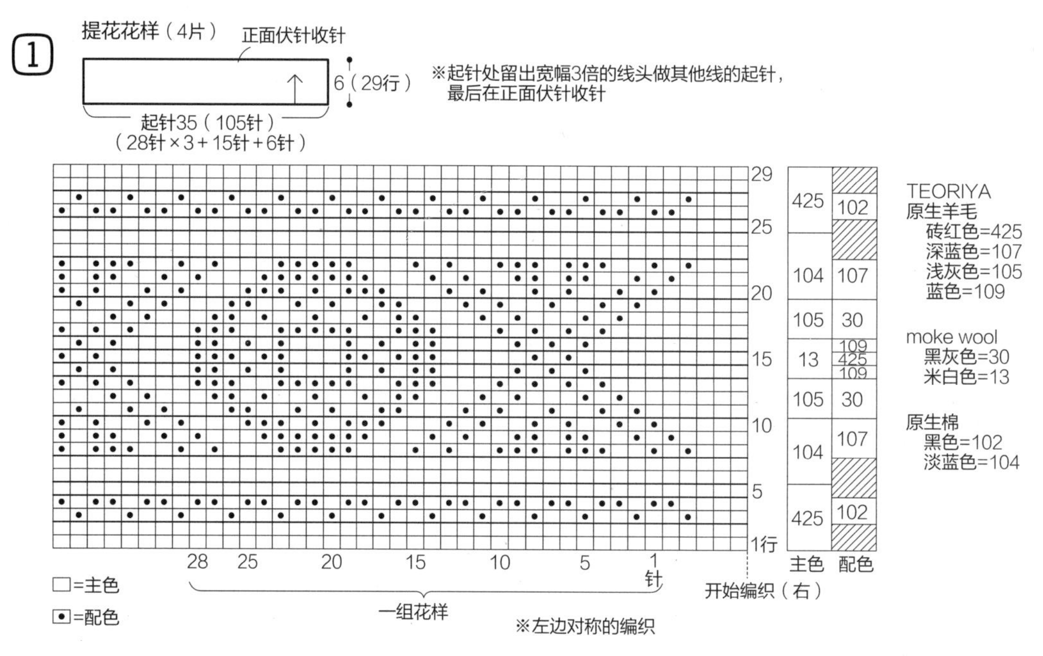

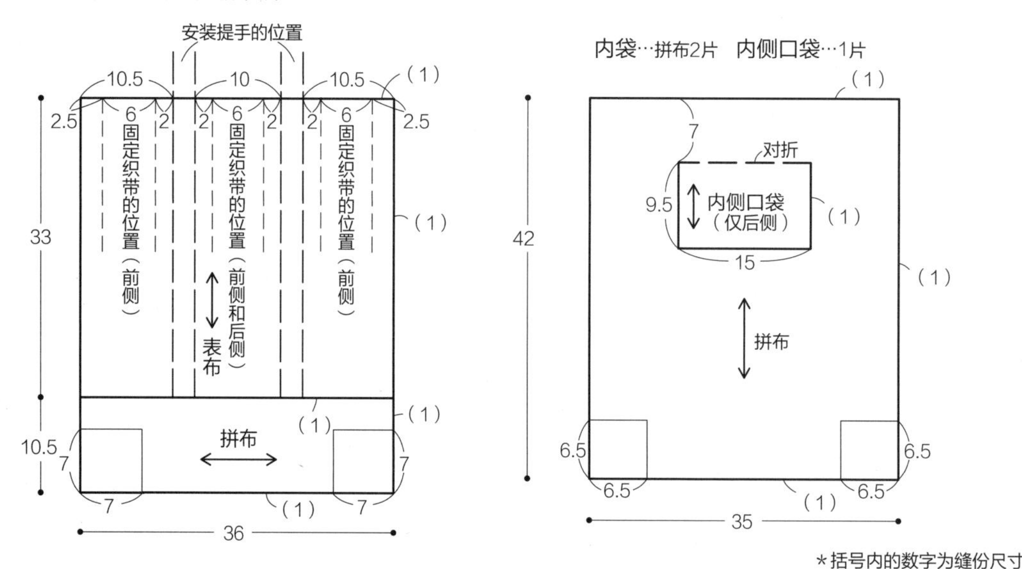

＊括号内的数字为缝份尺寸

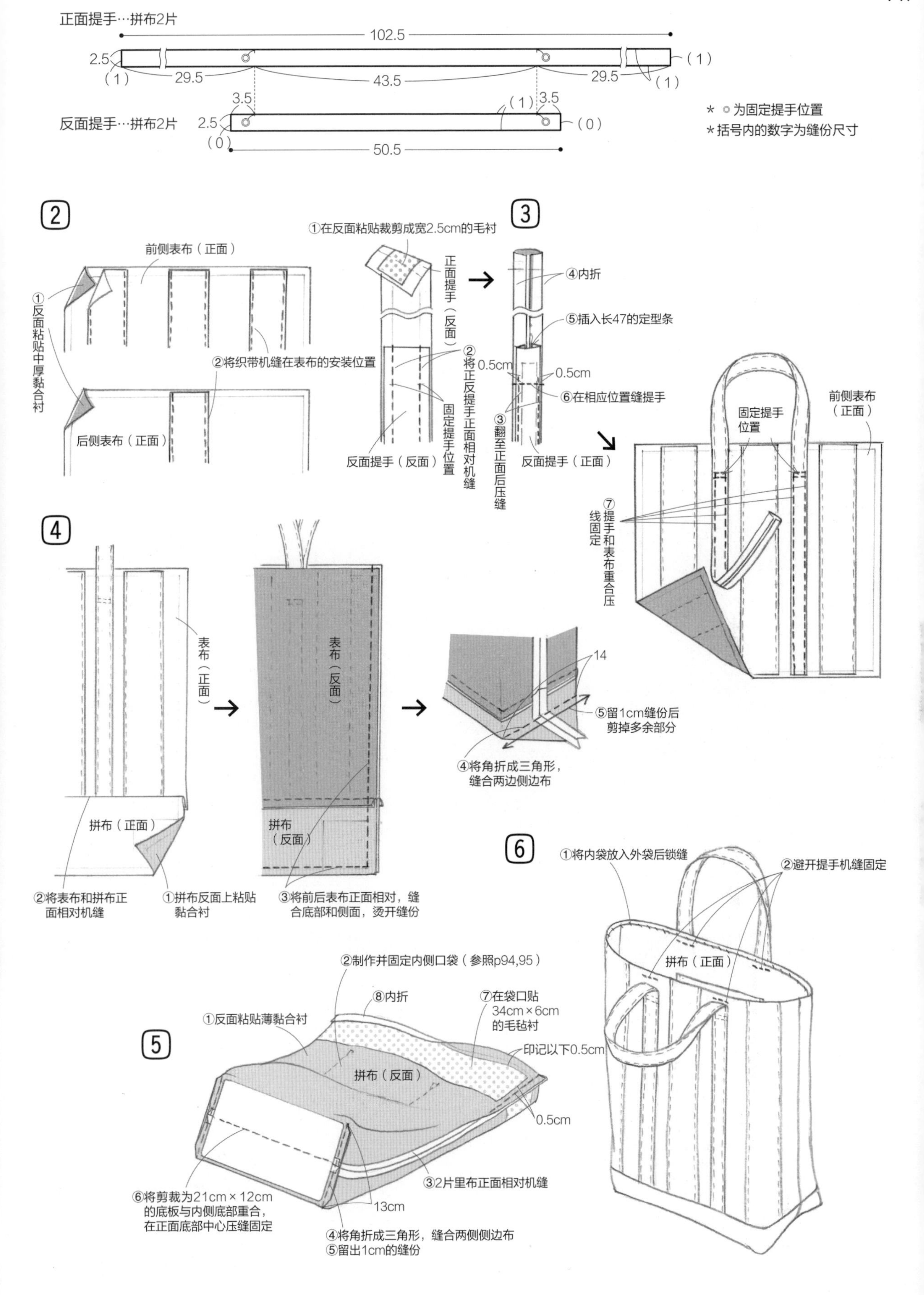
正面提手…拼布2片
102.5
2.5
(1)
29.5
43.5
29.5
(1)
(1)
3.5
(1)
3.5
反面提手…拼布2片
2.5
(0)
(0)
50.5
* ◎为固定提手位置
*括号内的数字为缝份尺寸
2
前侧表布（正面）
①反面粘贴中厚黏合衬
②将织带机缝在表布的安装位置
后侧表布（正面）
①在反面粘贴裁剪成宽2.5cm的毛衬
正面提手（反面）
②将正反提手正面相对机缝
固定提手位置
反面提手（反面）
3
④内折
⑤插入长47的定型条
0.5cm
0.5cm
⑥在相应位置缝提手
③翻至正面后压缝
反面提手（正面）
固定提手位置
前侧表布（正面）
⑦提手和表布重合压线固定
4
表布（正面）
拼布（正面）
②将表布和拼布正面相对机缝
①拼布反面上粘贴黏合衬
表布（反面）
拼布（反面）
③将前后表布正面相对，缝合底部和侧面，烫开缝份
14
⑤留1cm缝份后剪掉多余部分
④将角折成三角形，缝合两边侧边布
6
①将内袋放入外袋后锁缝
②避开提手机缝固定
拼布（正面）
5
②制作并固定内侧口袋（参照p94,95）
⑧内折
⑦在袋口贴34cm×6cm的毛毡衬
①反面粘贴薄黏合衬
印记以下0.5cm
拼布（反面）
0.5cm
③2片里布正面相对机缝
13cm
⑥将剪裁为21cm×12cm的底板与内侧底部重合，在正面底部中心压缝固定
④将角折成三角形，缝合两侧侧边布
⑤留出1cm的缝份

成品 褶饰刺绣背包 page 74,75

● 材料

［DMC］woolly米白色（111）160g、橙色（051）84g、4号刺绣线Letoll Mat系列红色（2364）、［AVRIL］棉麻浅黑色（2）
［AVRIL］棉细麻（01）7g（线绳用）
里布 罗缎棉80cm×50cm
里布黏合衬 中厚黏合衬60cm×50cm
提手2.5cm宽的皮包带，51cm的2根
穿孔绳 0.6cm宽的皮包带，4.3cm长14根
纽扣 直径1cm的4个

● 工具

手动编织机或者2号棒针

● 制作方法

① 分别编织各个花片，并绣出褶皱。
② 将各个花片卷缝，制作外袋。
③ 将穿孔绳固定在外袋上。
④ 制作内袋，假缝提手。
⑤ 组合内外袋。
⑥ 编织线绳，并穿入穿孔后完成。

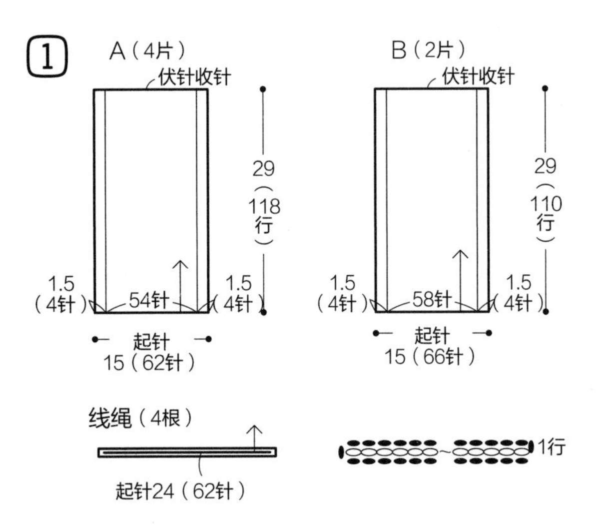

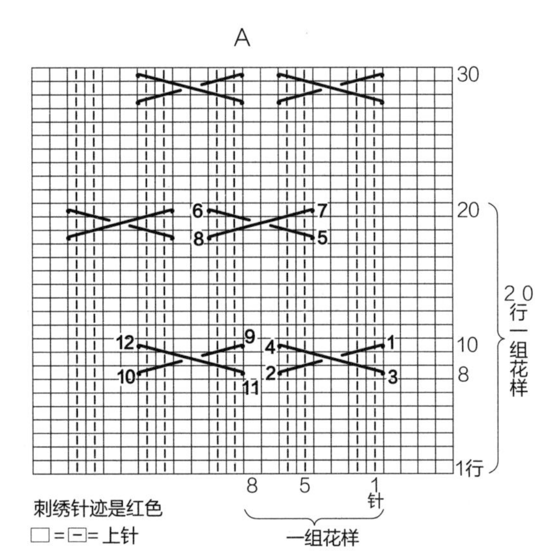

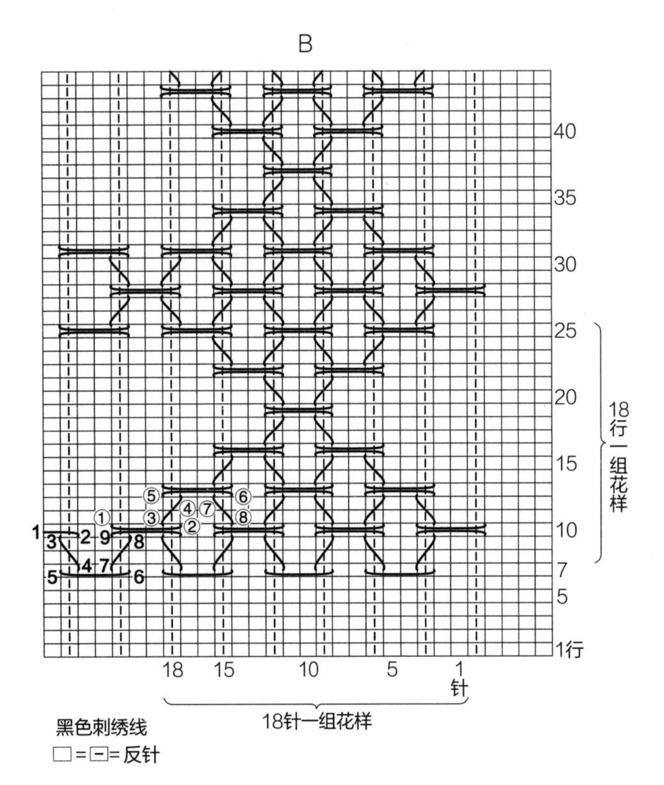

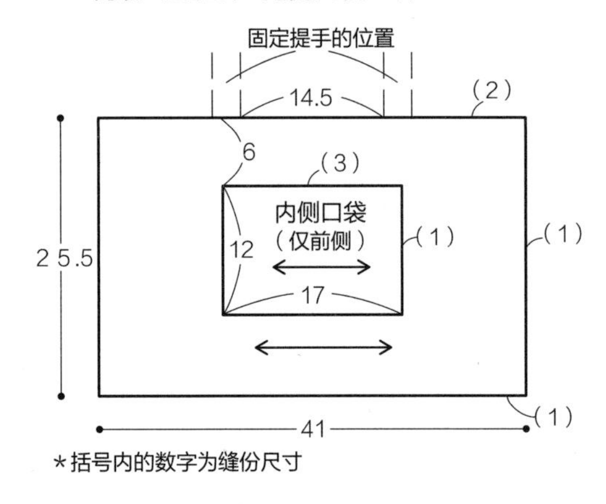

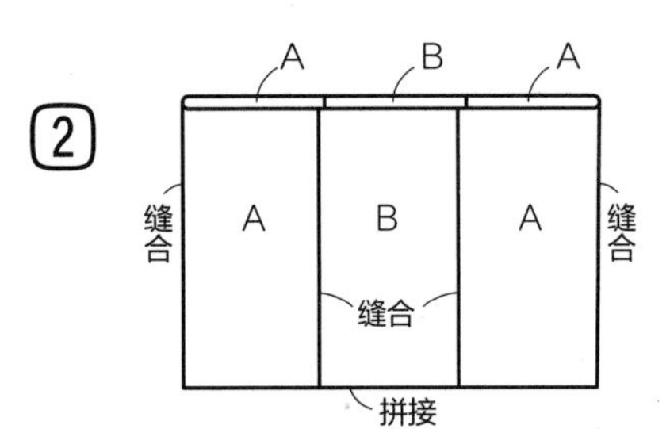

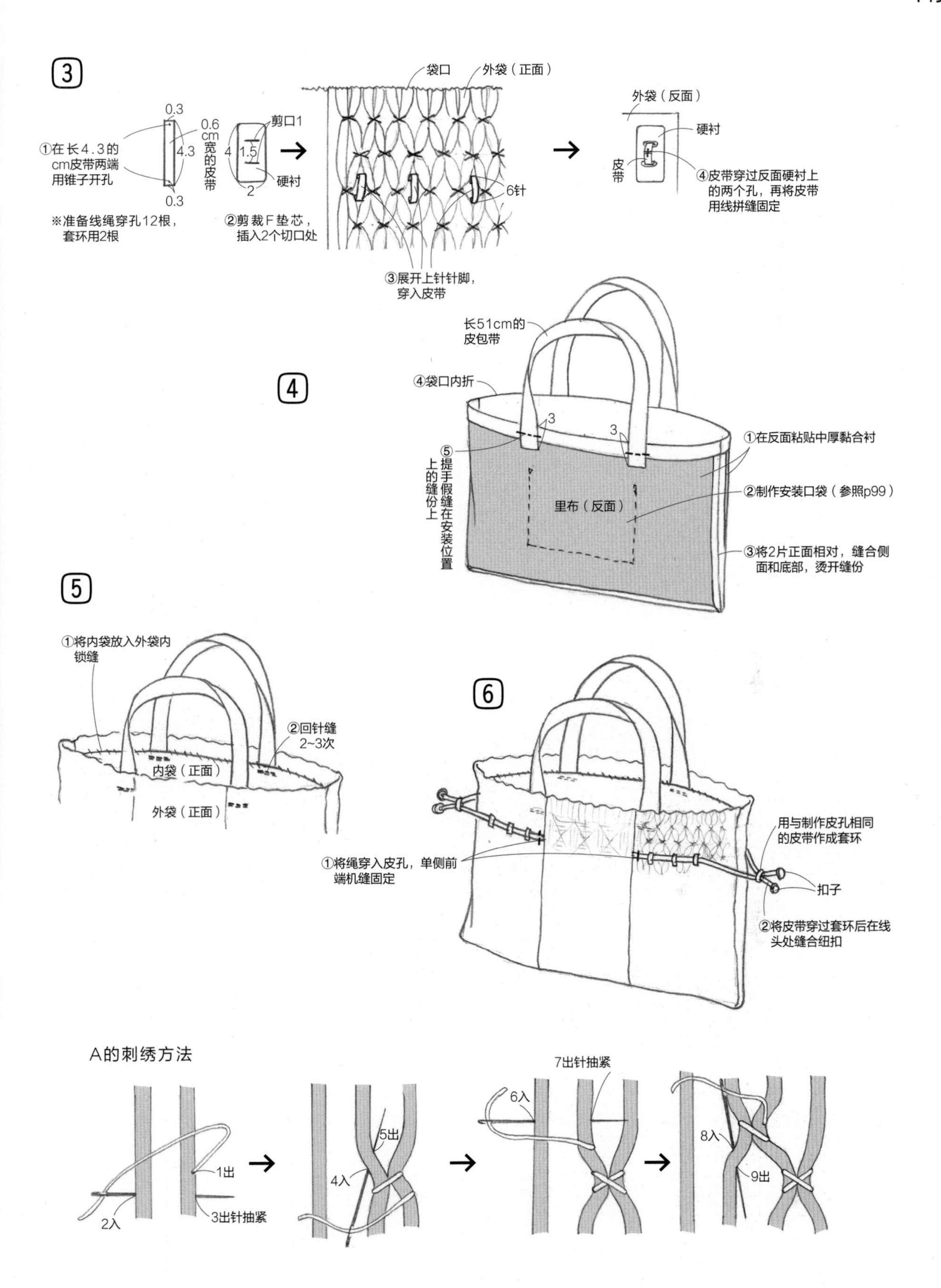
3
0.3
0.6
cm
宽的皮带
①在长4.3的
cm皮带两端
用锥子开孔
4.3
0.3
※准备线绳穿孔12根，
套环用2根
剪口1
4
1.5
2
硬衬
②剪裁F垫芯，
插入2个切口处
袋口
外袋（正面）
6针
③展开上针针脚，
穿入皮带
外袋（反面）
硬衬
皮带
④皮带穿过反面硬衬上
的两个孔，再将皮带
用线拼缝固定
4
长51cm的
皮包带
④袋口内折
3
3
⑤提手假缝在安装位置
上的缝份上
①在反面粘贴中厚黏合衬
里布（反面）
②制作安装口袋（参照p99）
③将2片正面相对，缝合侧
面和底部，烫开缝份
5
①将内袋放入外袋内
锁缝
②回针缝
2~3次
内袋（正面）
外袋（正面）
6
用与制作皮孔相同
的皮带作成套环
①将绳穿入皮孔，单侧前
端机缝固定
扣子
②将皮带穿过套环后在线
头处缝合纽扣
A的刺绣方法
1出
2入
3出针抽紧
5出
4入
6入
7出针抽紧
8入
9出

成品 6款编织花样 page 76,77

1

材料　［TEORIYA］M真丝线系列橙色（22）［DMC］Letoll Mat系列赤紫色（2902）

工具　手工编织机或者2号棒针

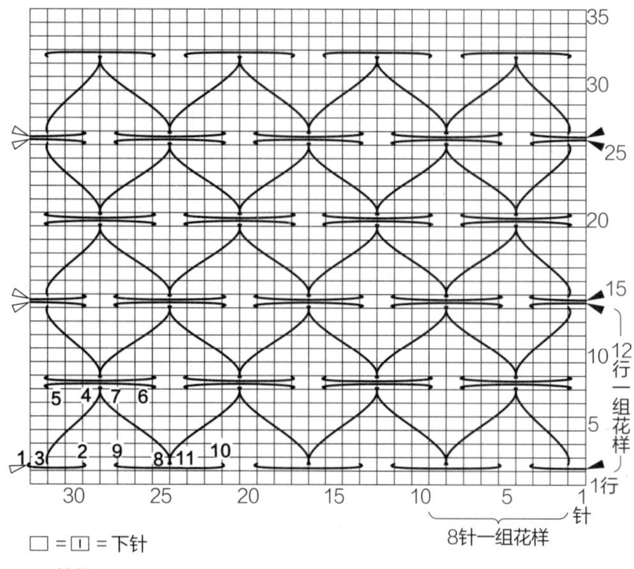

□ = ⊡ = 下针

◁ 接线

◀ 断线

2

材料　［hobbyra hobbyre］wool shape系列红色（17）、缝纽扣线原色、4mm的木珠

工具　手工编织机或2号棒针

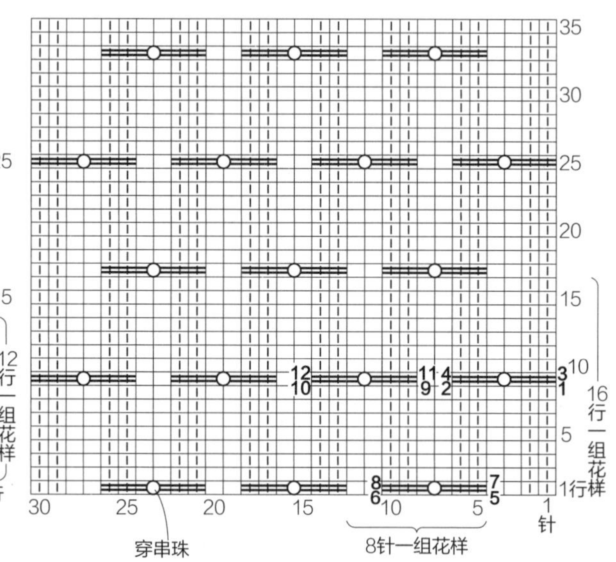

串珠大小 = 0.4

□ = ⊟ = 上针

3

材料　［DMC］nature系列白色（01）、Letoll Mat红色（2904）、黑色（2310）

工具　手工编织机或者2号棒针

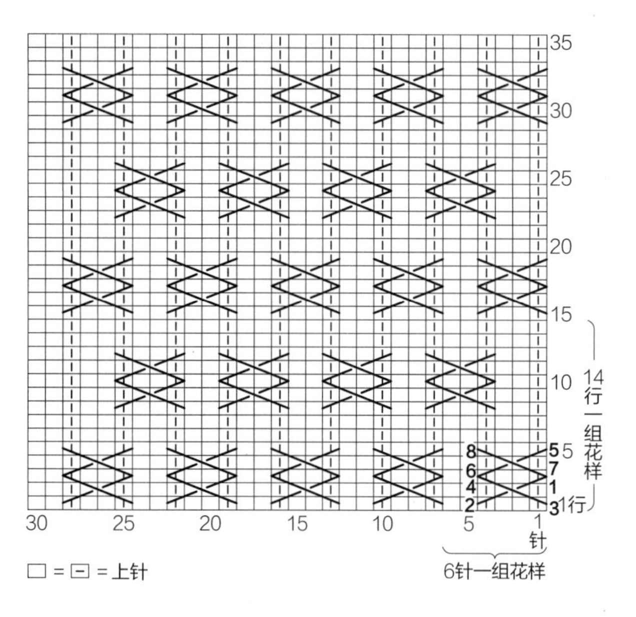

□ = ⊟ = 上针

4

材料　［TEORIYA］Moke wool A系列米白色（13）、麻线深黑色

工具　手工编织机或者2号棒针

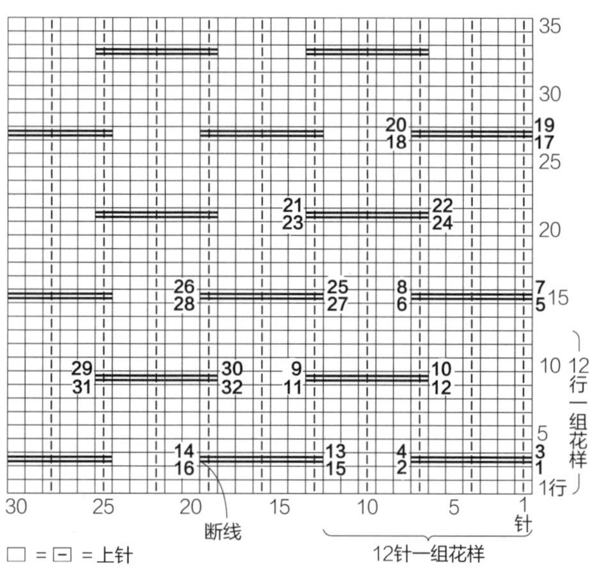

□ = ⊟ = 上针

5

材料 ［TEORIYA］TAPIO wool A系列原色（2）、原色刺绣线、8mm竹制串珠

工具 手工编织机或者2号棒针

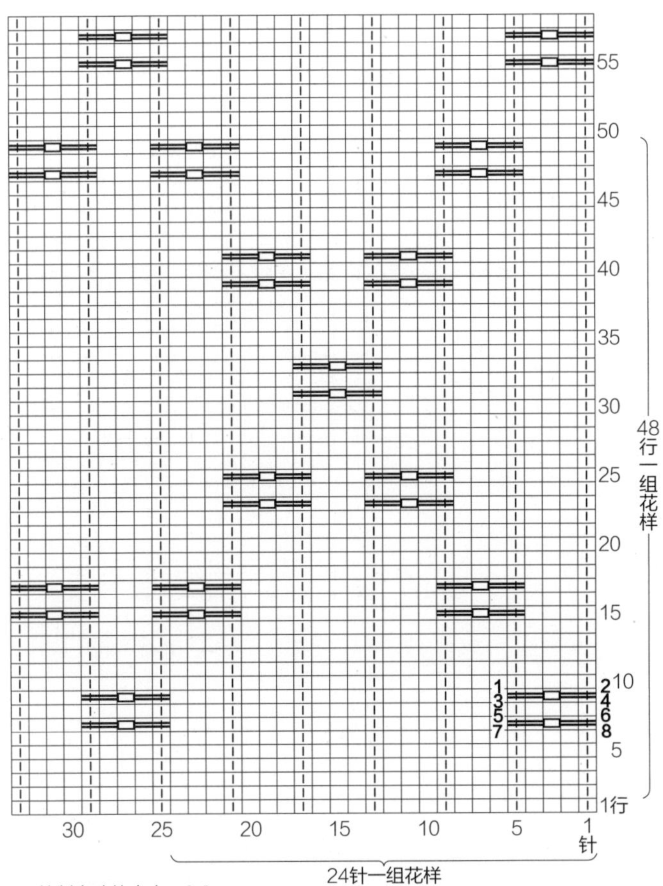

▭ 竹制串珠的大小＝0.8cm

□＝⊟＝上针

6

材料 ［DMC］nature系列灰色（38）、Letoll Mat橙色（2836）

工具 手工编织机或者2号棒针

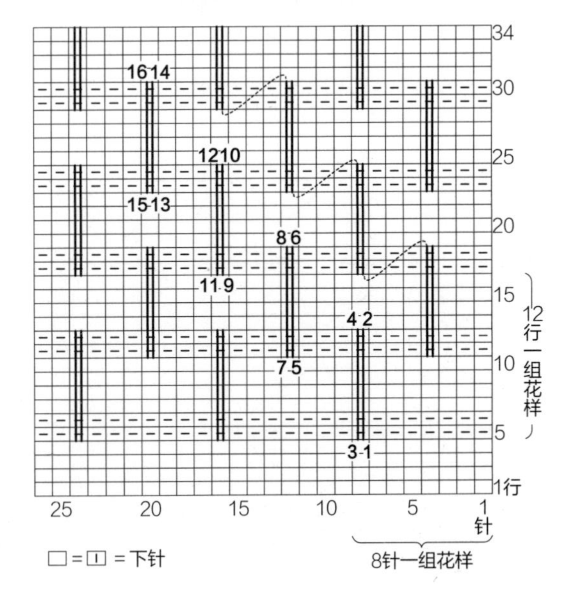

□＝⊡＝下针

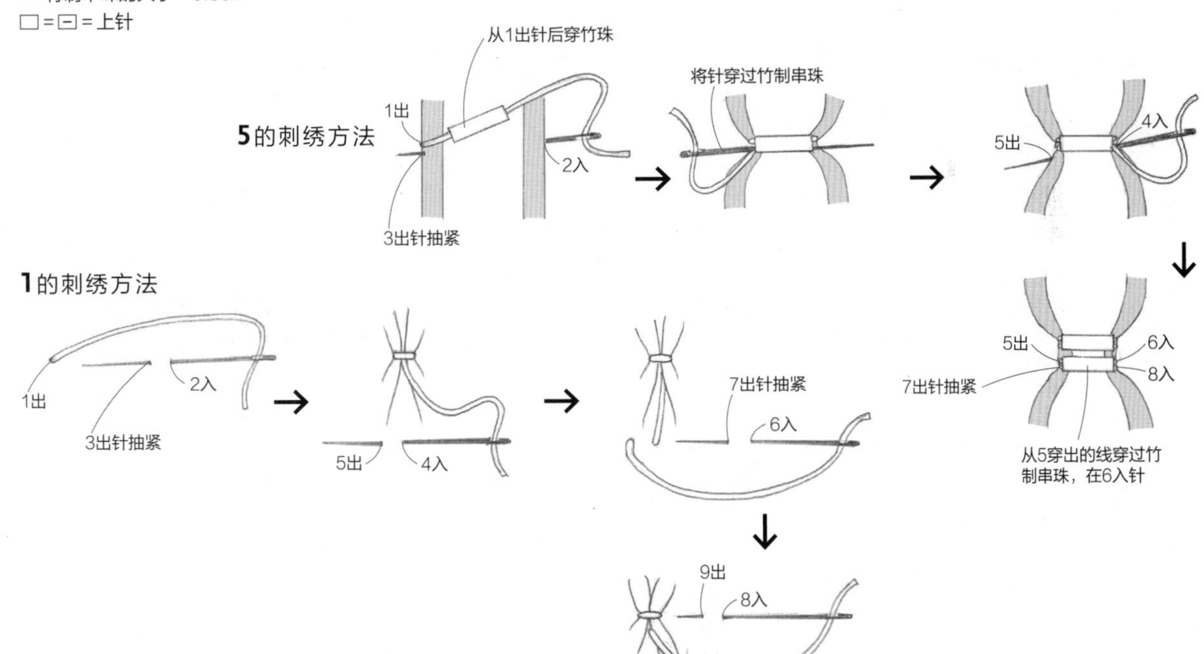

成品 3 款编织花样 page 78,79

1

材料 ［Puppy］Rowan DONEGAL LAMBS wool系列原色、［hobbyra hobbyre］棉线原色（枣形针）

工具 2号棒针、2/0号钩针

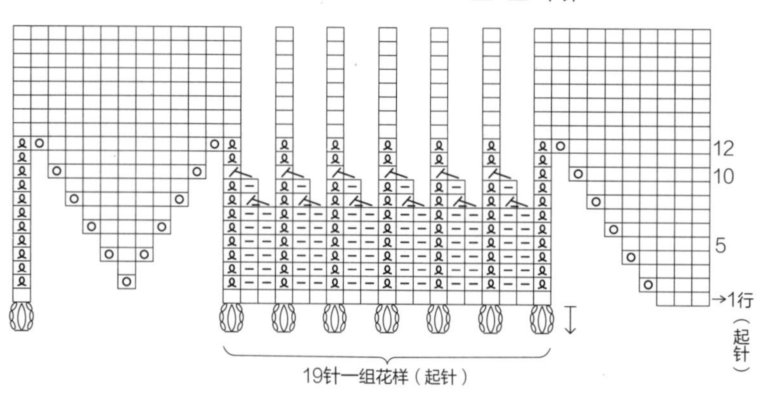

2

材料 ［moorit］麻制白色

工具 2号棒针

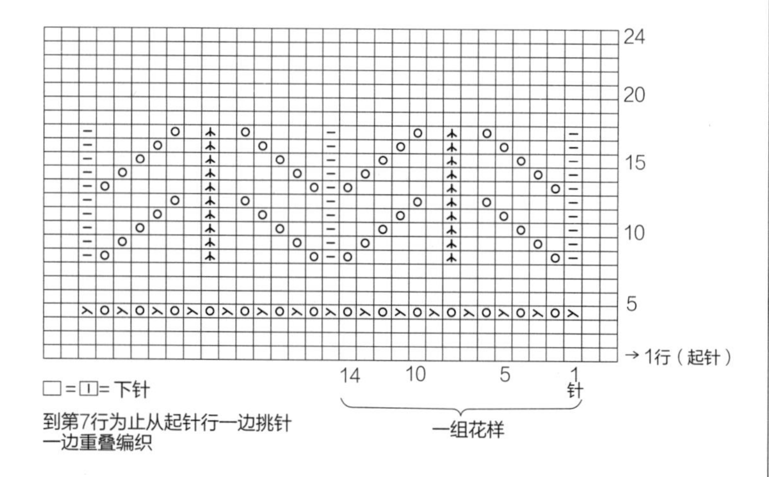

3

材料 中细毛线米白色

工具 2号棒针

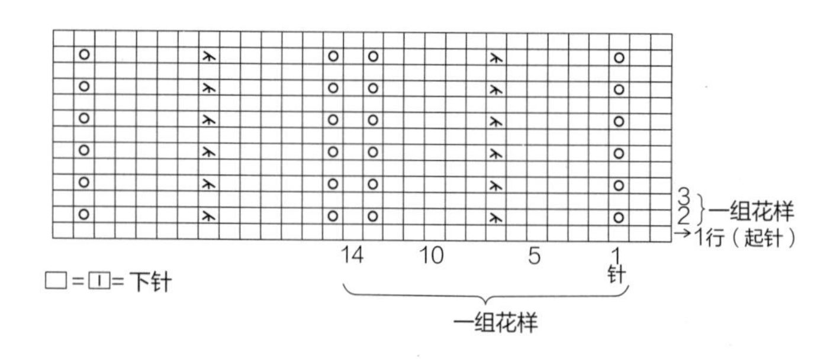

成品 3 款编织花样 page 80

1

材料 中细毛线灰色

工具 2号棒针

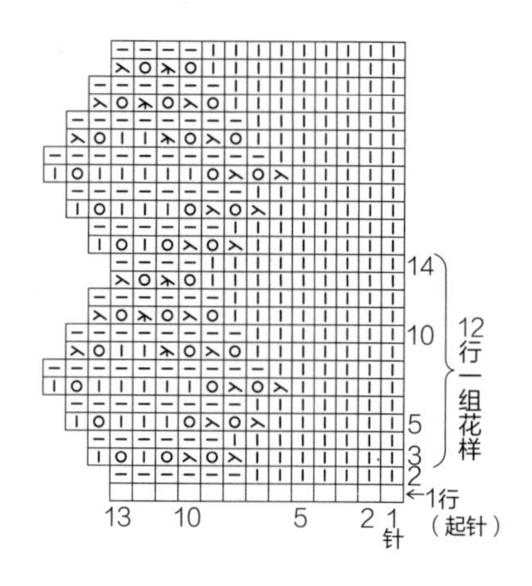

2

材料 ［AVRIL］粗麻系列白色（01）

工具 3号棒针

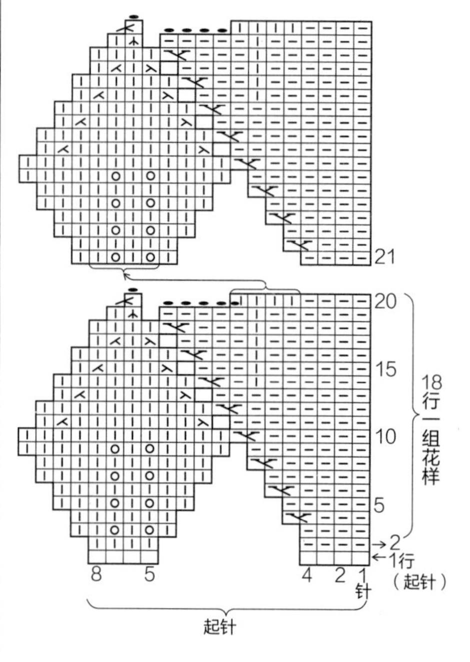

3

材料 [ROWAN] 棉线GIAICE 白色

工具 3号棒针

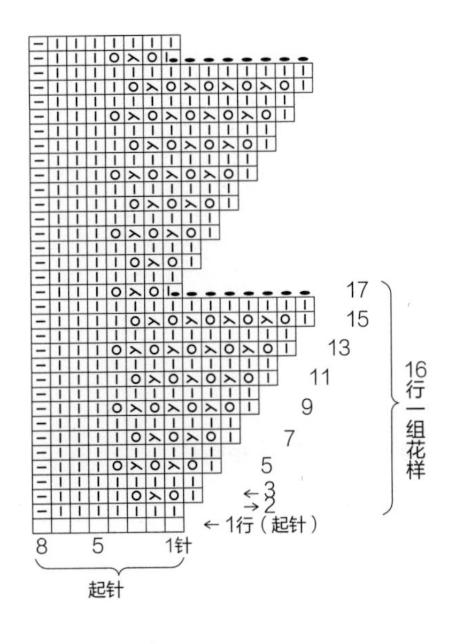

成品 4 款钩织花样 page 1

材料 [TOSCO] TOSCO苎麻20/3 32g

工具 2号蕾丝针

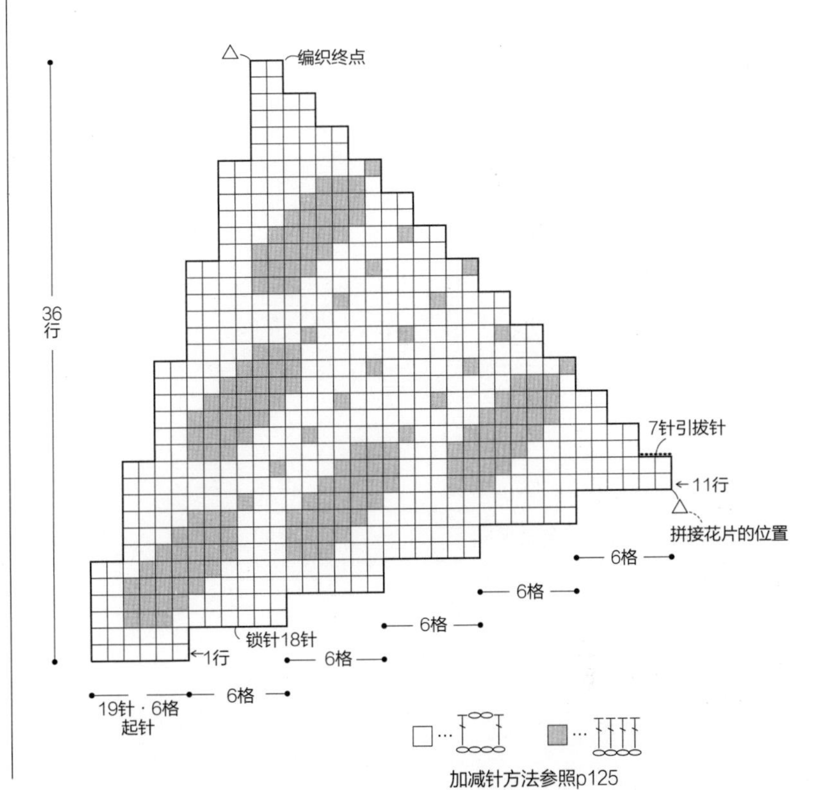

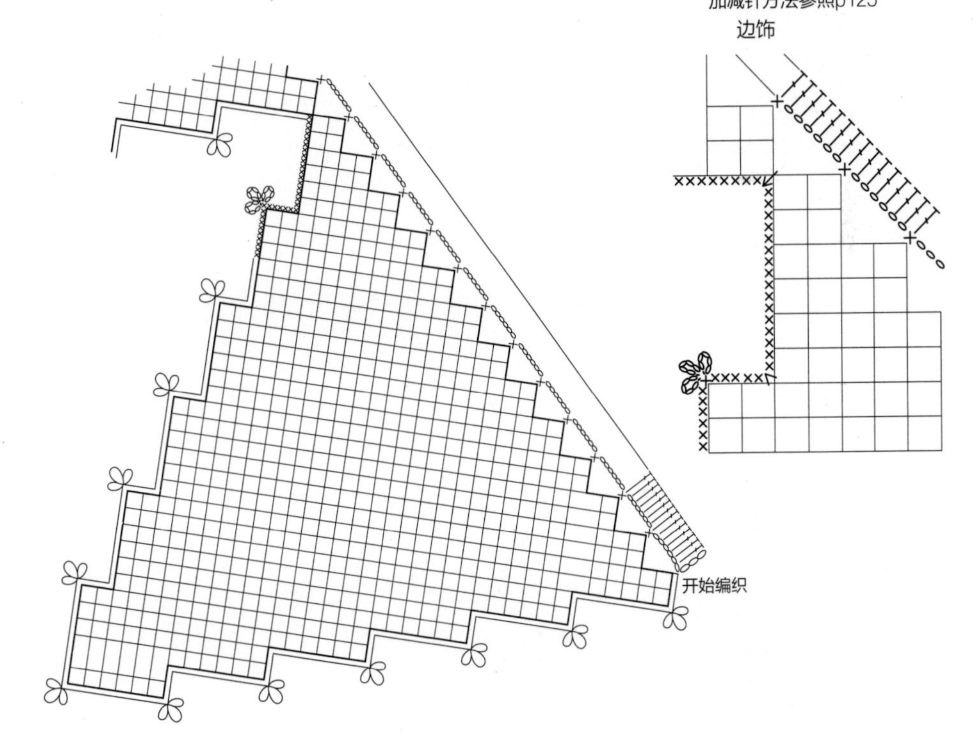

开始编织

[片钩]

锁针起针。根据花样和线的粗细不同来变换挑针方法。

挑锁针里山…… 不破坏起针行锁针

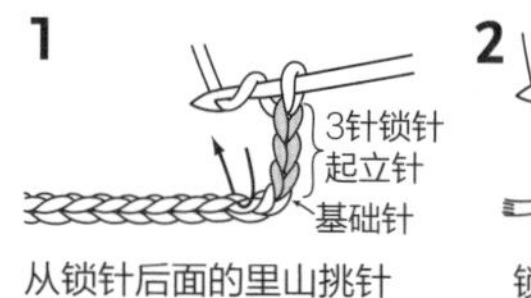

从锁针后面的里山挑针

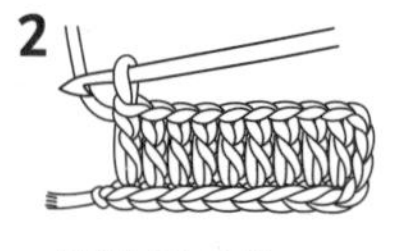

锁针针脚并排

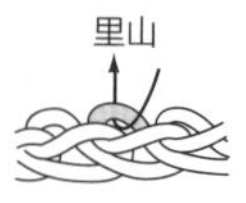

挑针锁针半针……挑针位置明显，平整排列。
但缺点是针脚稀松，易被拉伸。

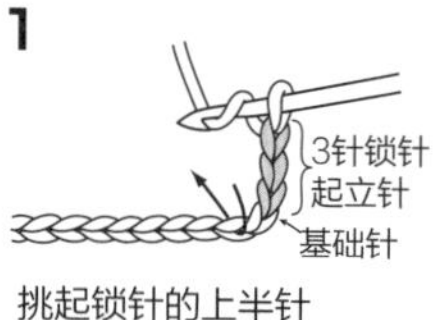

挑起锁针的上半针

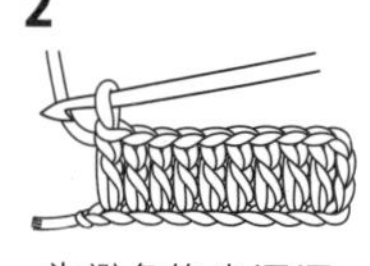

为避免钩出洞洞，尽量不要硬拉线。

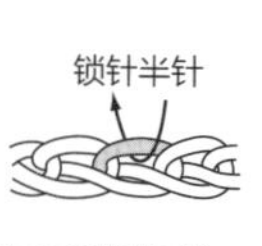

挑针锁针半针和里山……挑起锁针的2根线更稳固

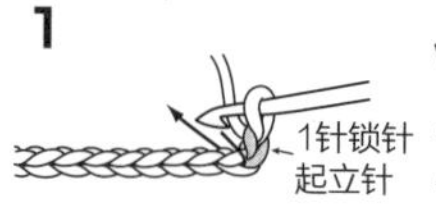

挑起锁针的上半针和里山

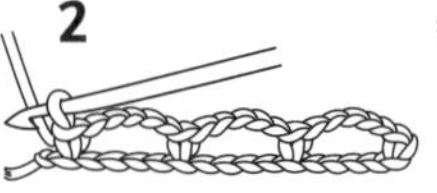

用于网状花样的挑针等

[圈钩]

从中心开始加针编织成圆形的方法。适用于帽子和花片钩织。

双环内入针…… 使用软线或细线时要注意引拔方法

1

在线圈内钩织所需针数后，稍微抽一下线头

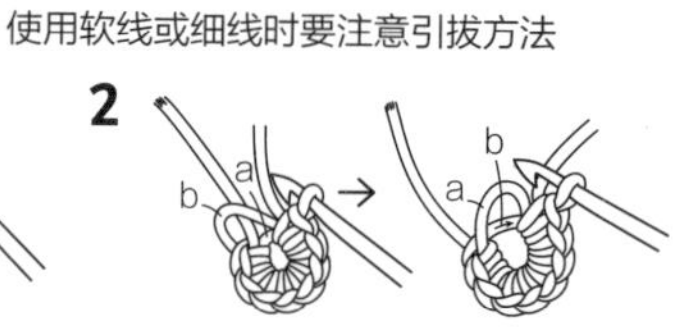

拉紧a的线头，收掉b线

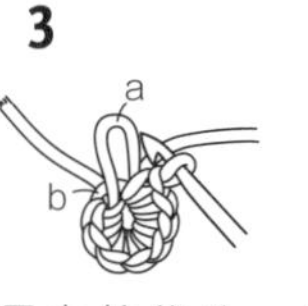

用力拉线头，将（a）的线抽紧

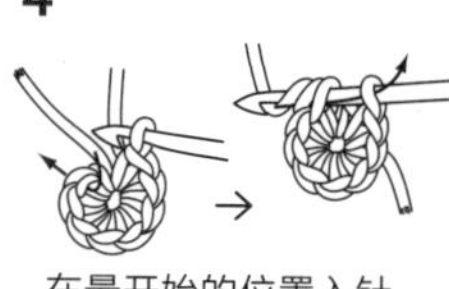

在最开始的位置入针，用力引拔

5

第1圈完成

在塑料环中钩织…… 使用市售圆环

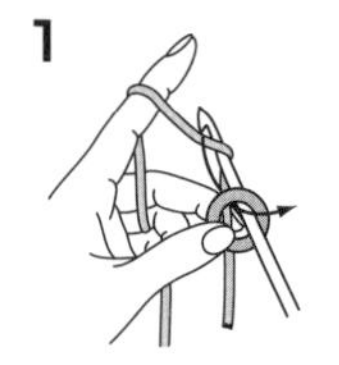

在圆环内入针，挂线拉出

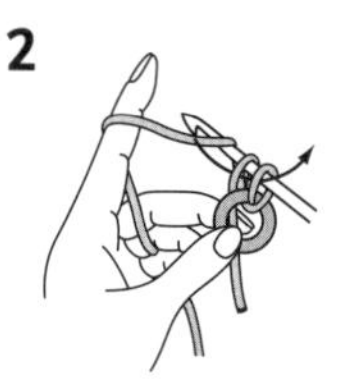

将线头如图挂在针上，挂线钩出完成1针起立针

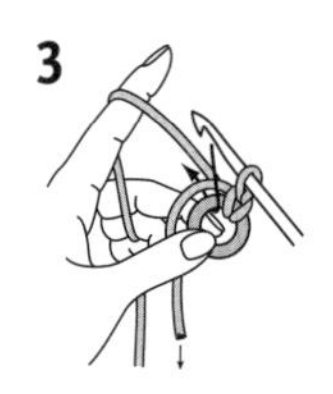

钩织所需的短针针数

编织符号和编织方法

锁针…… 最基础的编织方法

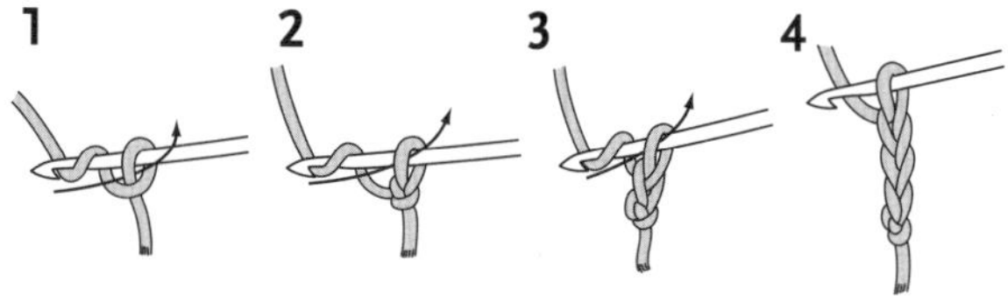

短针…… 高度为1针锁针

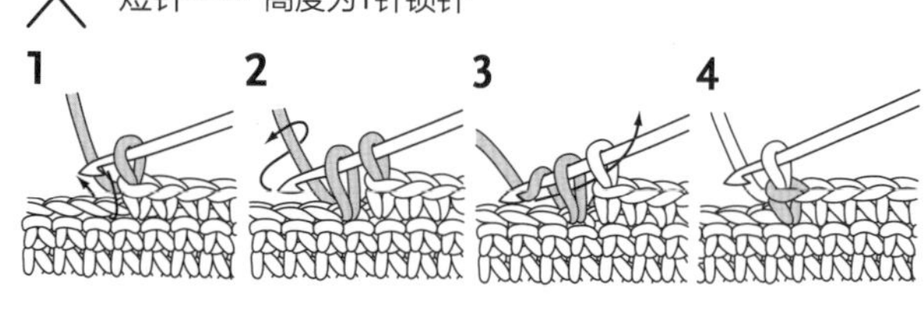

中长针…… 高度为2针锁针

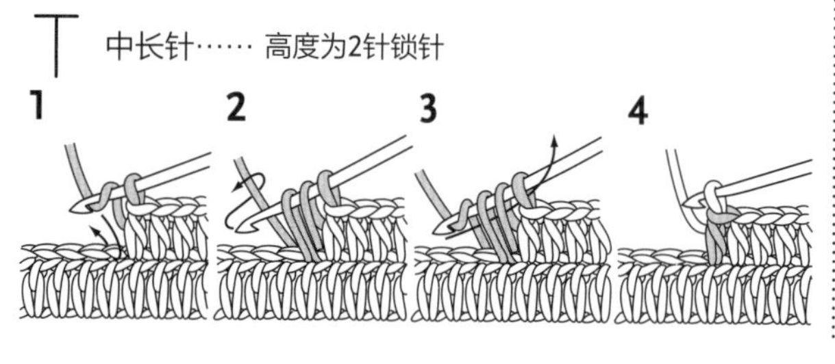

长针…… 高度为3针锁针

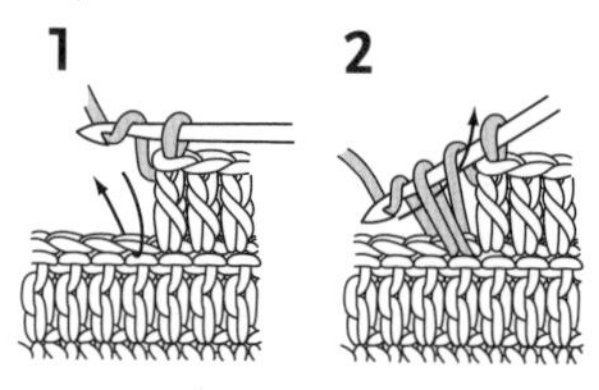

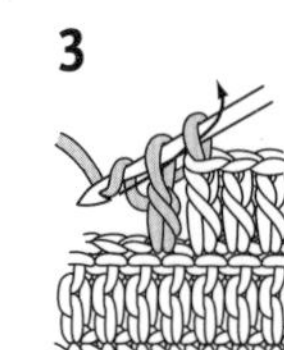

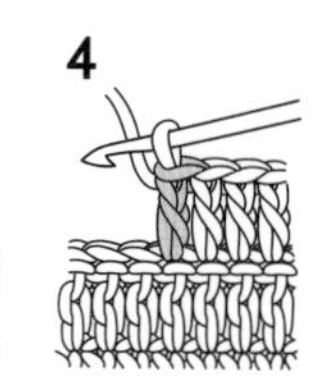

长长针…… 高度为4针锁针

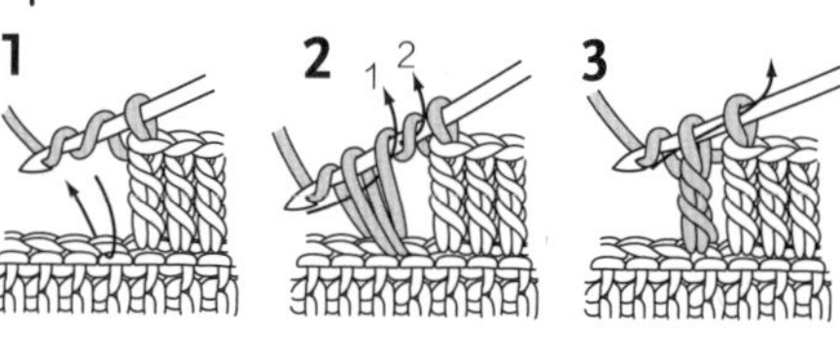

引拔针…… 不增加高度，适用于收针或拼接时

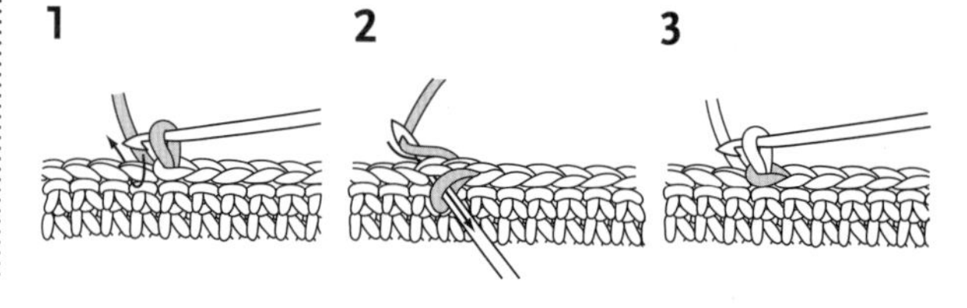

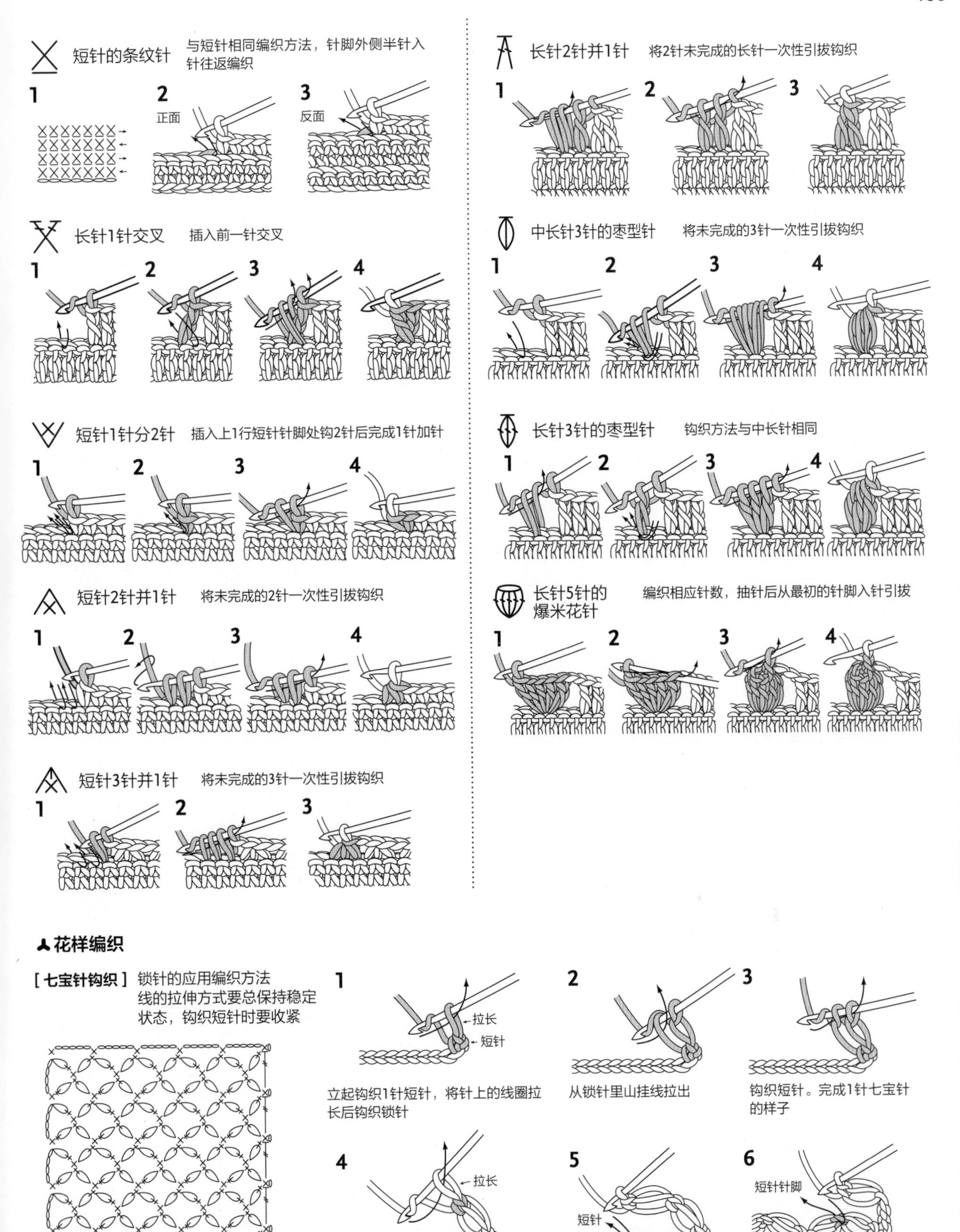

1组花样（6针）

同样再拉长线圈钩织锁针，从锁针里山挑针钩织短针

钩织2针七宝针后在起针行钩织短针

第2行从上一行花样中心的短针针脚位置钩织短针

[串珠的钩织方法]
串珠务必要看着反面织入编织行

◎ 钩织短针 从前一行入针挂线引拔，将串珠移至针脚底部引拔钩织。

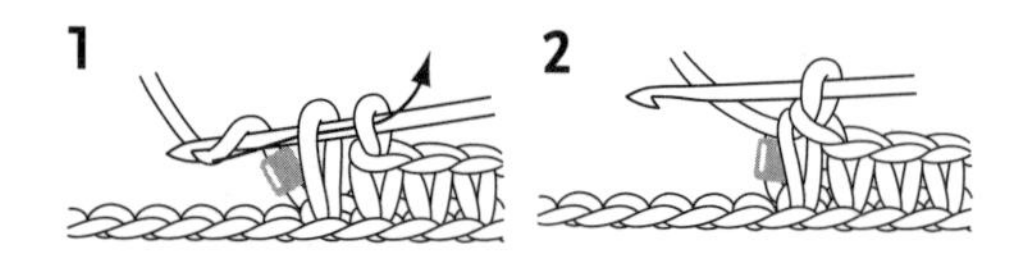

◎ 长针钩织 从上一行针脚入针后钩1针未完成的长针，将串珠移至针脚底部引拔钩织。另有一种方法是，第1次引拔后就将串珠移过去。
图示为前一种方法。也有1针穿2个串珠的场合，两种方法都适用。

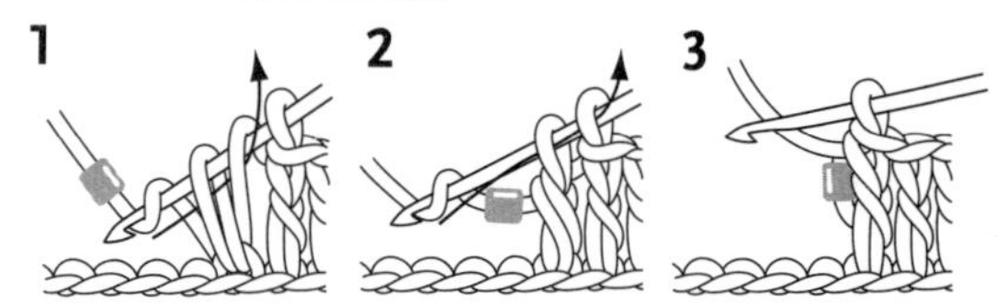

卷缝、拼接

◎ 挑半针卷缝 用于长针较多的花片的正面连接

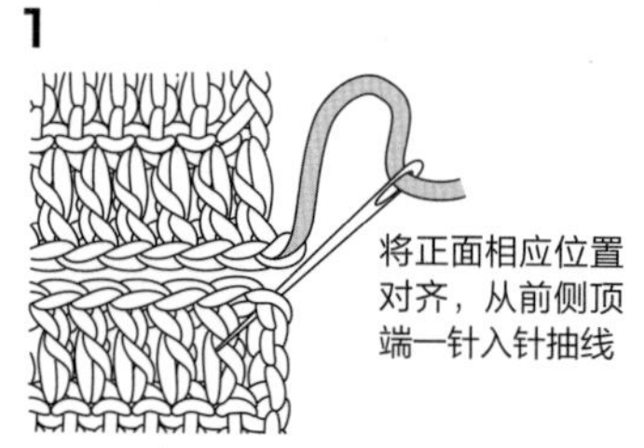

将正面相应位置对齐，从前侧顶端一针入针抽线

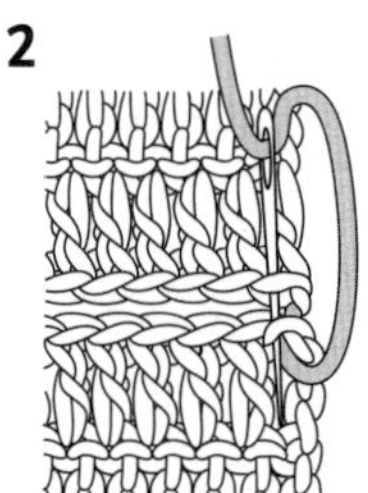

从对侧锁针1针的外侧处入针后，再穿过顶端一针的前面1根线（卷缝2次）

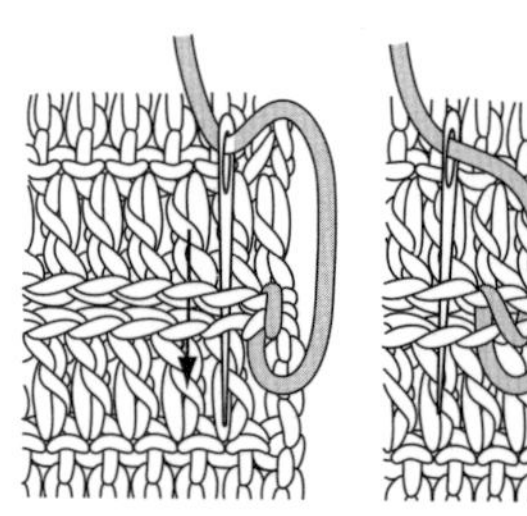

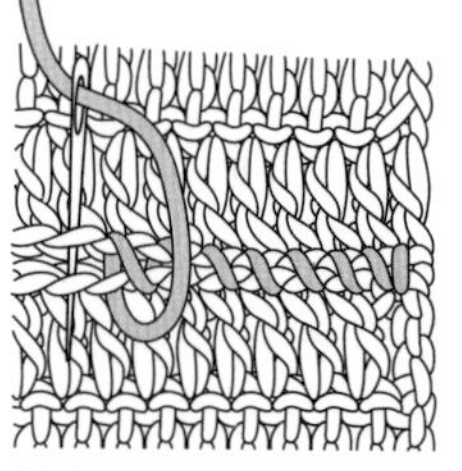

重复挑起对侧锁针外侧一根线和前侧织物锁针前侧一根线进行卷缝，将线收紧。

◎ 短针缝合 适用于反面相对，正面在外和正面相对的缝合，前者的短针可视为装饰线

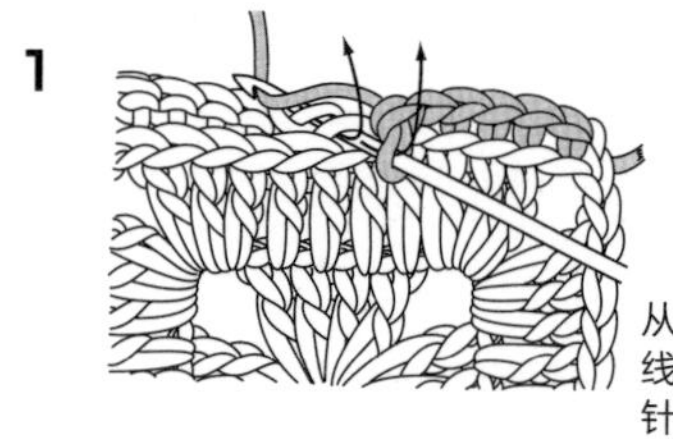

从最后一行头部两根线的内侧挑针钩织短针

钩织完1边平放花片后的样子

第1片　第2片

◎ 圆形花片的引拔拼接 适用于最后一行针数为奇数时的拼接方法

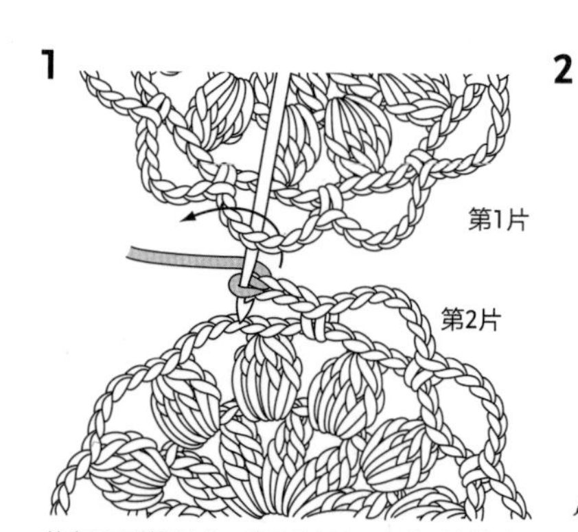

钩织至引拔针处，暂时抽针。在第1片花片上入针，从抽针处入针后再次挂线引拔。

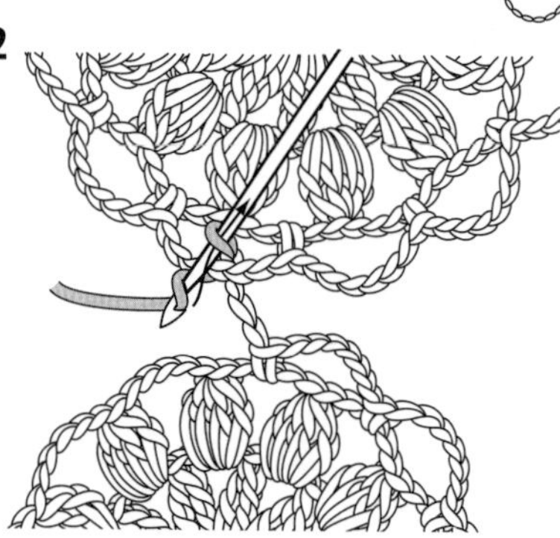

挂线引拔

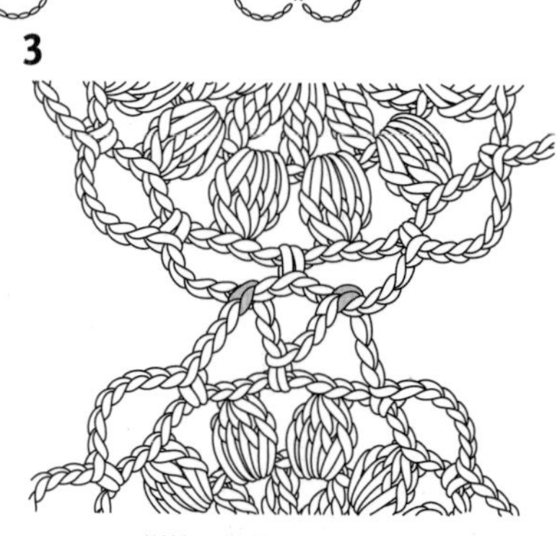

拼接后继续钩织

起针

[手指挂线起针]

1

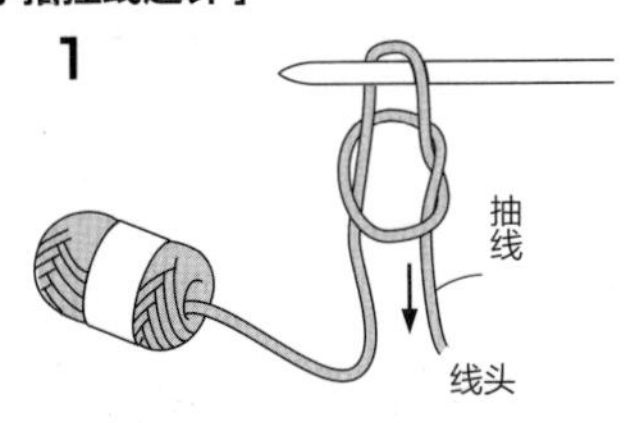

用手指起第1针再移至针上，拉动线头缩紧线圈

2

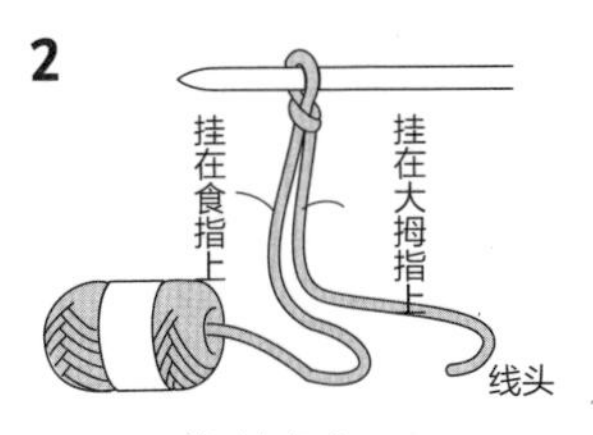

第1针完成

3

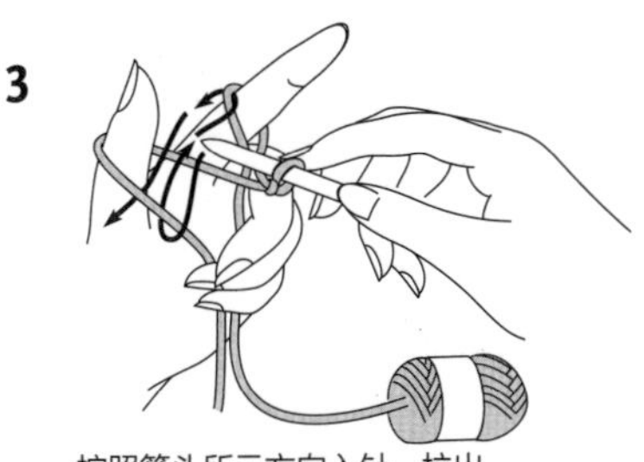

按照箭头所示方向入针，拉出挂线

4

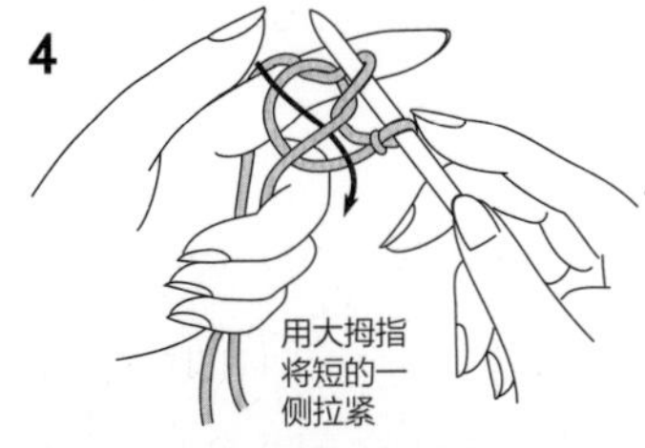

暂松开大拇指上的线，按照箭头所示方向重新入针后拉紧线头

5

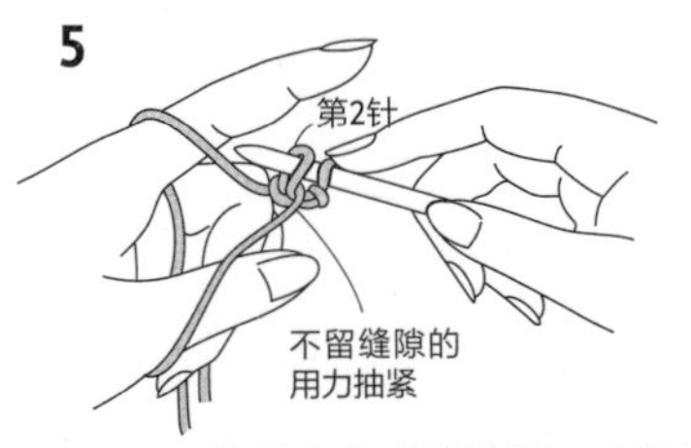

第2针完成，重复步骤3、步骤4

6

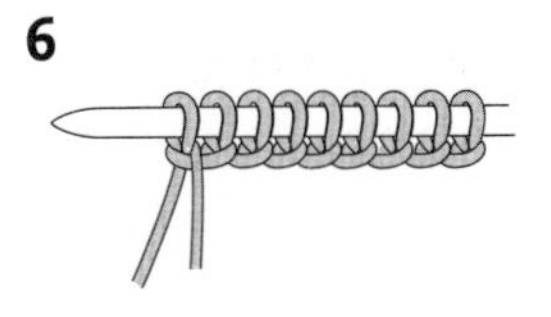

完成。
换拿在左手上继续编织第2行

[别线锁针起针]

1

选择接近编织线粗细的棉线钩织锁针

2

用较松的针脚比所需针数多钩织2~3针

3

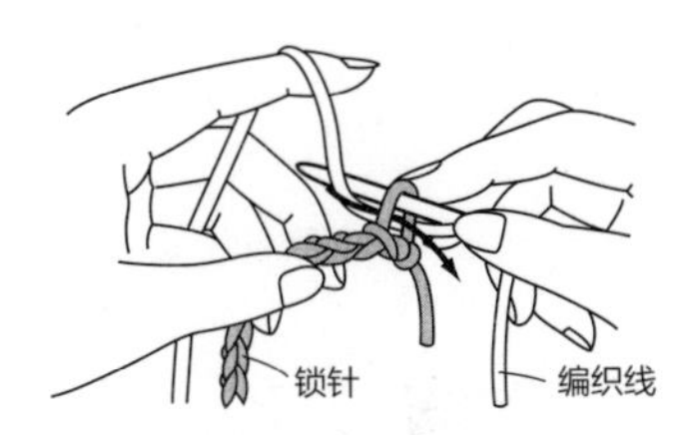

用编织线，从第1针锁针的里山入针

4

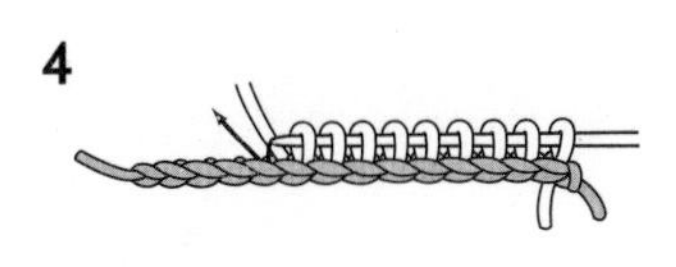

挑出所需针数

5

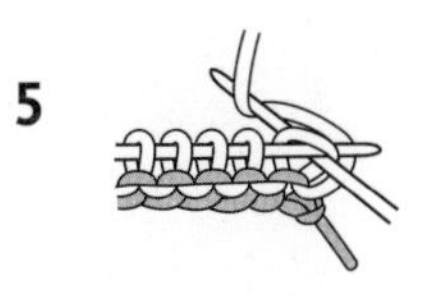

翻转织物，编织第1行——正面

6

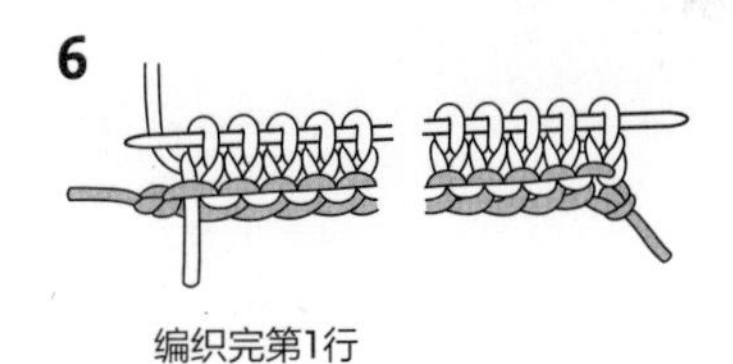

编织完第1行

编织符号和编织方法

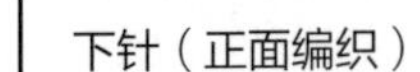

| 下针（正面编织）

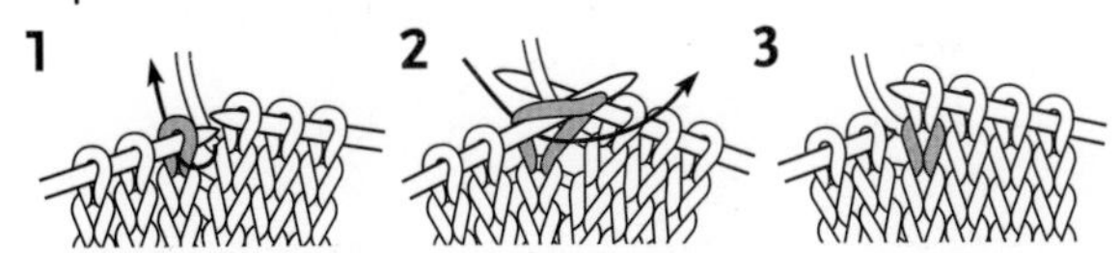

1 将线放在后侧，将右针从线圈内侧插入左针内

2 在右针上挂线，按箭头方向引拔出线

3 拉出线后再抽出左针

— 上针（反面编织）

1 将线放在前侧，从线圈外侧插入右针

2 在右针上挂线，按箭头方向转动右针，引拔出线

3 拉出线后再抽出左针

○ 空针

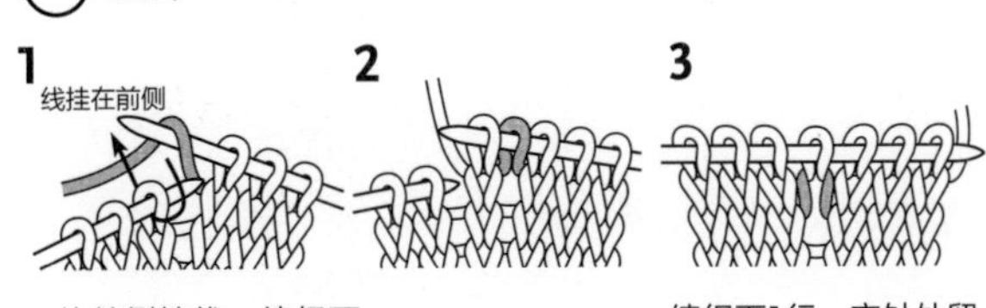

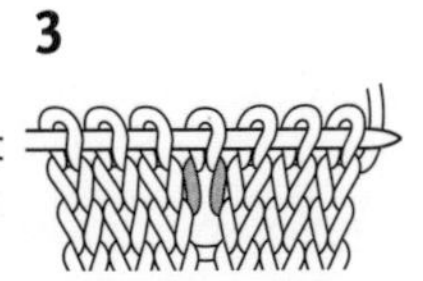

1 从前侧挂线，编织下一针

2

3 编织下1行，空针处留出一个孔，增加1针

Q 扭针

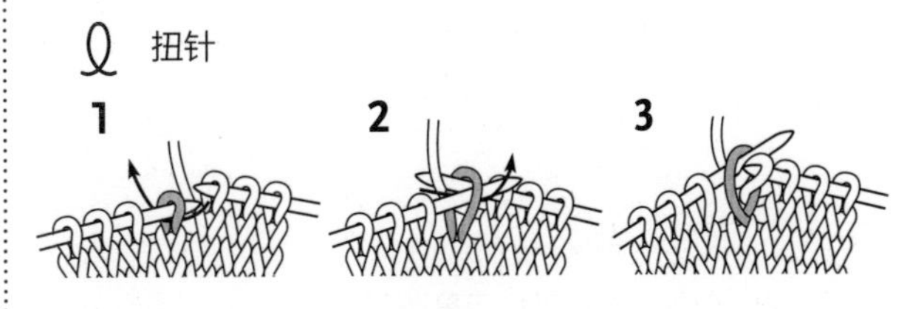

1 从后侧入针

2 挂线编织

3

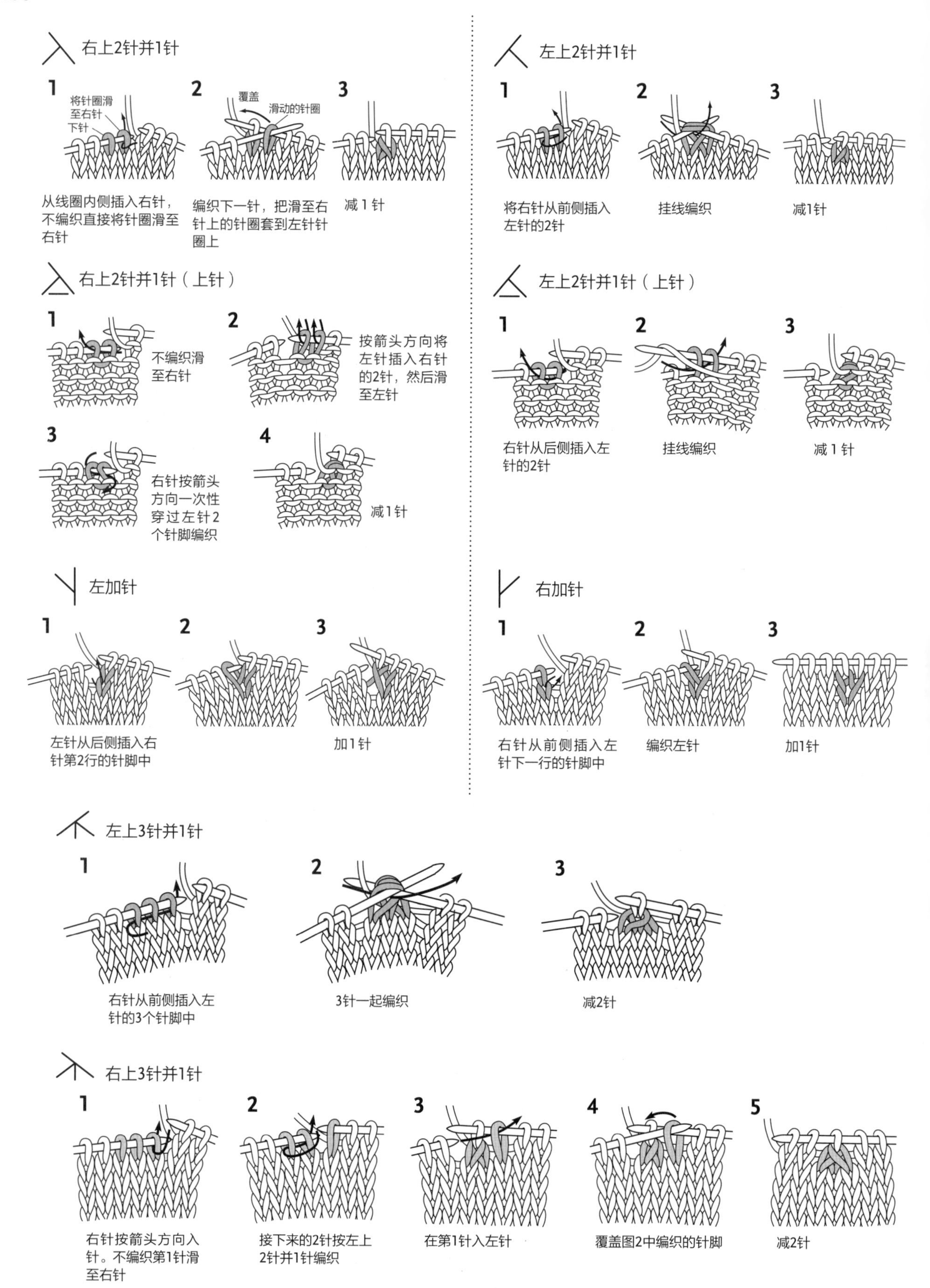
右上2针并1针
1
将针圈滑
至右针
下针
从线圈内侧插入右针，
不编织直接将针圈滑至
右针
2
覆盖
滑动的针圈
编织下一针，把滑至右
针上的针圈套到左针针
圈上
3
减 1 针
右上2针并1针（上针）
1
不编织滑
至右针
2
按箭头方向将
左针插入右针
的2针，然后滑
至左针
3
右针按箭头
方向一次性
穿过左针2
个针脚编织
4
减1针
左加针
1
2
3
左针从后侧插入右
针第2行的针脚中
加1针
左上2针并1针
1
将右针从前侧插入
左针的2针
2
挂线编织
3
减1针
左上2针并1针（上针）
1
右针从后侧插入左
针的2针
2
挂线编织
3
减 1 针
右加针
1
右针从前侧插入左
针下一行的针脚中
2
编织左针
3
加1针
左上3针并1针
1
右针从前侧插入左
针的3个针脚中
2
3针一起编织
3
减2针
右上3针并1针
1
右针按箭头方向入
针。不编织第1针滑
至右针
2
接下来的2针按左上
2针并1针编织
3
在第1针入左针
4
覆盖图2中编织的针脚
5
减2针

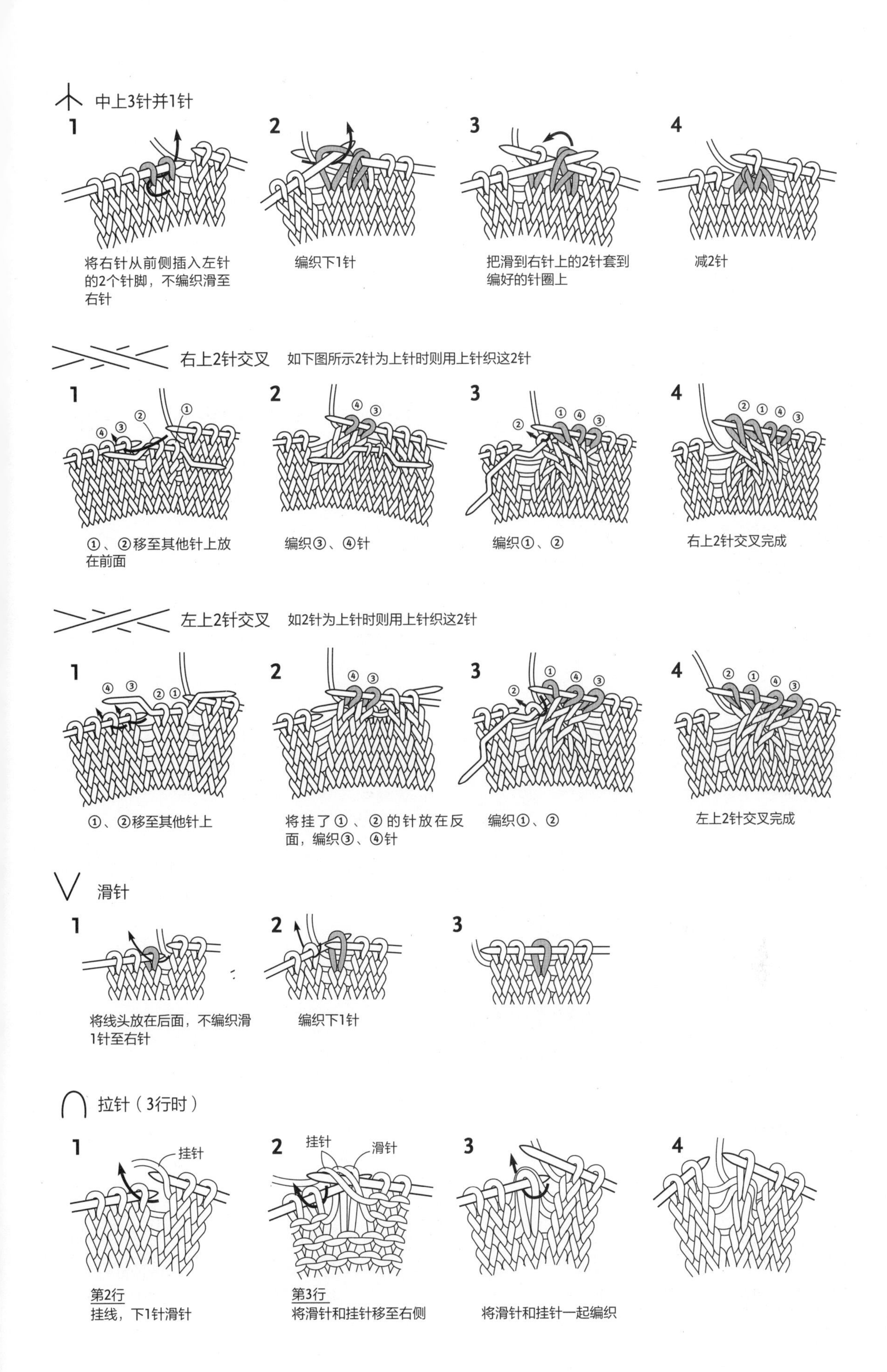

中上3针并1针

1 将右针从前侧插入左针的2个针脚，不编织滑至右针

2 编织下1针

3 把滑到右针上的2针套到编好的针圈上

4 减2针

右上2针交叉　如下图所示2针为上针时则用上针织这2针

1 ①、②移至其他针上放在前面

2 编织③、④针

3 编织①、②

4 右上2针交叉完成

左上2针交叉　如2针为上针时则用上针织这2针

1 ①、②移至其他针上

2 将挂了①、②的针放在反面，编织③、④针

3 编织①、②

4 左上2针交叉完成

滑针

1 将线头放在后面，不编织滑1针至右针

2 编织下1针

3

拉针（3行时）

1 第2行
挂线，下1针滑针

2 第3行
将滑针和挂针移至右侧

3 将滑针和挂针一起编织

4

下田直子　Naoko Shimoda
1953年出生于东京。1973年毕业于文化服装学院手工艺专业。
少女时期喜欢手工和布艺，随后进入专门学校学习。
以编织物设计师的身份在《独眼小僧》《FICCE Wowma!》任职，对各类素材，尤其是线类素材经验丰富，随后赴美。
从日本离开后在纽约生活了2年，期间沉迷于美国本土手工艺中，创造热情高涨。
回日本后，以手工艺作家身份开始活动，至今持续发表了多部作品和著作。
1998年，创办了手工学校“office　MOTIF”。
大胆的布和线的组合，现代与复古结合的作品、手工作品等都充满温暖和可爱，拥有了大批粉丝。

著有《下田直子的刺绣图案》《钩针也很有趣》《钩针编织真好呀》《下田直子的手工技巧》（均为文化出版局刊行）等多部作品。

MOTIF（モティーフ）
官网 http://www.mo-motif.com

素材合作
AVRIL
hobbyra　hobbyre
Art　Fiber　Endo　A.F.E
植村　INAZUMA　shop.
Keito
尚茂　Joint
横田　达摩
DMC
TEORIYA

制作合作
土屋典子　三浦希代子　柿崎景子　樱井由香　山田博子
畑山濑绘　松本香　田口由香　西尾直美　佐佐木温惠
户田泉

AD、书籍设计　若山嘉代子　佐藤尚美　L'espace
摄影　石井宏明
步骤解说和图解　山村范子
电子图片　sikanoroom　WADE　大乐里美（day studio）
文化 phototype
校阅　向井雅子
技术编辑　志村八重子
编辑　大泽洋子（文化出版局）
日文版发行人　大沼 淳

原文书名：下田直子の編み物技法
原作者名：下田直子

著作权合同登记号：图字：01-2018-7789

图书在版编目（CIP）数据

下田直子的编织技法图典／（日）下田直子著；张潞慧译. -- 北京：中国纺织出版社有限公司，2020.4
ISBN 978-7-5180-6933-0

Ⅰ.①下… Ⅱ.①下… ②张… Ⅲ.①毛衣针—绒线—编织—图集②钩针—绒线—编织—图集 Ⅳ.①TS935.52-64

中国版本图书馆CIP数据核字（2019）第237374号

责任编辑：阚媛媛　　责任校对：王花妮
装帧设计：培捷文化　　责任印制：储志伟

中国纺织出版社有限公司出版发行
地址：北京市朝阳区百子湾东里A407号楼　邮政编码：100124
销售电话：010—67004422　传真：010—87155801
http://www.c-textilep.com
中国纺织出版社天猫旗舰店
官方微博 http://weibo.com/2119887771
北京华联印刷有限公司印刷　各地新华书店经销
2020年4月第1版第1次印刷
开本：787cm×1092　1/16　印张：10
字数：88千字　定价：58.00元